U0610588

融合与激荡

——复杂关联中的知识创新

吴杨 著

人民出版社

■ 序言 1

　　无论是远古时代石器和火种的使用，还是近代轰隆而来的蒸汽时代和电气时代，抑或现代的电子和信息，都是人类的伟大创新而来。创新是一个国家发展的不竭动力源泉，已经成为世界主要国家发展战略的重心。在激烈的国际竞争中，唯创新者进，唯创新者强，唯创新者胜。故而，实施创新驱动发展，让创新成为推动发展的第一动力，是引领国家经济发展的现实需要。创新成为发展的一大助推器，不仅掌握着社会发展的动力引擎，更是决定着未来的发展方式和方向。创新展现着一个民族之魂，其本身就具有着自强自立的精神元素，是展现一个民族美好品格的最好方式之一。一个不断努力追求创新的民族也必然充满着源源不断的活力和拼搏奋进的精神。一次次的突破使得人类社会冲破自然的阻碍，使得整个人类文明跨越未来发展。

　　知识是精神的扩充和延展，是物质的承载和继承，即精神世界与物质世界更高层次上突现出来的文化现象，更是创新的基本要素，是创新的微观基础。知识创新是技术创新的前提和基础，为人类认识世界、改造世界提供新理论和新方法，为人类文明进步和社会发展提供不竭动力。如何把知识创新这种抽象的文化过程描述出来，让更多人看到这个机理，是一件很困难的事。知识创新过程本身是很难预测的，知识增值和创新点的凸现具有知识密集性循环过程，呈现出非线性网络结构，在这个复杂的主体间交流和协同过程中，根据知识创新要素挖掘及特征分析，对知识创新进行定量描述，建立个人、群体及团队知识增值数学模型，并进行仿真模拟，显得极为重要。

《融合与激荡——复杂关联中的知识创新》一书，从可视化的视角和仿真研究，让知识创新这个抽象的概念变得如此具体。本书基于心理学、管理学、历史学、系统动力学、协同学以及复杂网络等相关理论和研究方法，巧妙地将多种研究视角和方法相结合起来，避免了单一研究的空洞。

从研究内容层面来看，本书不乏学理特征，论及知识创新有着较为坚实的理论和模型基础。其探讨的内容也颇为宽泛，虽未做到面面俱到，也可以看出旁征博引的努力。不仅对于知识创新过程做出理论探讨，结合系统学理论、突变论、耗散结构论等物理学知识进行分析，更是最终在协同学角度提出管理办法与实践要求。首先此书从"创新的序曲、知识创新的同异质主体的复杂性分析、知识创新的内化：知识增值、知识认知的团队思维架构"四个层面，逐步递进，细致地分析知识创新的复杂特性，不仅从创新的耦合性、进化、突变等角度深入探讨创新的本质，还从科学共同体合作模式，探讨创新合作的圈层效应。其次，深入刻画了知识创新过程的本质，即知识增值与创新点的凸现。从个体知识创新出发，将新的显性知识看作为知识创新的输出目标，而隐性知识是在整个创新过程中一个非常重要的活动状态，即动态。因此新知识的增加就是个人自身隐性知识和显性知识综合作用的结果。从个体知识创新引申出团队在知识创新过程中的动力基础及复杂关系，对团队知识创新过程及结果进行仿真验证。同时，阐明了个体思考的顿悟现象，尤其书中对于顿悟过程中想法激发为创新点以及创意的捕捉的多维度思考都颇为新奇有趣。第三，在对知识创新系统构成及其特性全面分析的基础上，引入协同学思想，提出知识创新协同管理框架，对知识创新系统的整体协同动态效应进行分析，最终提出知识创新系统的协同管理具体策略，从多方面、多角度提出团队知识创新的协同管理策略，以促进知识创新过程的顺利实施和绩效的提高。整本书是一个完整的知识创新过程，层层递进，步步深入，逻辑清晰，条理分明。

从可读性与趣味性来看，《融合与激荡——复杂关联中的知识创新》一书文字内容紧密结合社会现实，具有很强的代入感；研究方法科学有效，具有明显的学术性；案例来源于中外科哲史和社会大事件，具有客观和真实性；令人惊艳的是手绘插画，生动形象，趣味十足。这本书具有社会畅销书的潜力，也具有学术研究的内涵。客观来讲，能将学术著作写成通俗易懂又不失科学严谨的书，实属不易。

　　展望未来，知识创新必然会升华为智慧，使人类更加聪明；演变为物质，进而引起社会的变迁。真正的创新在于知识的突破与进步，让质变成为社会发展的支配力量。在这个无数人不懈追逐科技的时代，要在新的战略和思想上，聚焦国内外知识力量，是国民继续并且深入知识化，达到高级别的智慧水平，从而进一步促进中国建设科技强国的步伐，助力中华民族屹立于世界强者之林。

陈　劲

（教育部长江学者特聘教授

清华大学经济管理学院教授）

■ 序言 2

学术抱负——用别致的方式讲述创新的故事

吴杨博士这本关于知识创新的专著，是有着特定学术抱负的。

就人类进化历程而言，知识由来已久，知识的更替与创新也同样与人类活动的历史相伴相随。然而，新知识的萌生、传播、确认或应用这些称之为知识创新的过程，常常发生于人们的头脑之中，各种心理的、认知的、文化的因素彼此纠缠难以缕清；其次，基于团队活动而涌现的知识创新过程，也很难说是按照确定程序中顺理成章构建出来的，主体间许多互动促生的过程充满了自适应、自组织、自激发的非预期行为，创新的过程不乏各种意外惊喜。因此，谈技术创新，可以讲设计、组织、配置资源甚至管理控制。谈知识创新似乎难以用到这些很有确定意味的动词，人们想到的是激发、准备、期待、协调这些机制。试图把知识创新这种不确定的故事讲清楚，这是作者学术抱负第一个特征。

近代以来基于科学理性与实证规则建立起来的知识体系，对应一整套选择、甄别和检验程序，它与那种基于有限经验或似是而非推论所构造与传承的古代知识有着本质区别。但是，这并不是说，这种知识可以根据科学原理自然而然地推演出来，或依据归纳原理从个别现象中简单抽取出来。酝酿这种知识的基本过程属于理性认知范畴，但是，在其创新的具体场景中却有着与认知主体心理活动及其彼此关联方式的许多非理性的因素，包括但不限于心理特征、团队风格或文化背景的影响等等。讨论这些问题显然需要观念的梳理甚至哲学的剖析，需要就知识形态变化进行个体或群体的认知心理分析，包括逻辑的推理以及非理性过程的设想与演绎。就复杂的知识创新过程而言，作者试图寻求一种广谱的分析架构，深入人心是其学术抱负的又一个佐证。

当然，知识创新过程毕竟不只是人们内在的精神活动，它会付诸于创新主体的行动中，会外溢到主体间的各种关联方式中。从创新主体特征及其彼此关联方式的角度进行分析，横向跨越了许多我们熟悉的学科领域，管理学、经济学和社会学的许多概念和逻辑在此被混搭串联起来用于描述主体特性或主体间的关联规则，这种分析方法更便于进一步演绎创新过程的复杂特性，例如采用 ABM 方法，即基于自适应主体对创新平台进行层次更为丰富的动态建模、智能计算和仿真演绎。在当下的研究中，作者主要采用的是定性分析以及示意性的结构演示方法，但是，大数据、智能计算和行为仿真这些可能形成新的研究方法的机会作者并没有放过，给未来的发展留下接口正是作者学术抱负的又一个亮点。

以作者先前的学术积累，讲创新管理或创新政策的故事，似乎更得心应手。可能是因为充分意识到知识创新过程的不确定性，作者手法有点改弦易辙的变化，在创新主体间的行为关联及团队活动模式时，作者着意挖掘其中的互动规则、秩序和结果涌现机制以及不断分岔的演进机理，着意借助环境、差异、竞争、选择、调整、协同这样一些概念或逻辑勾画知识创新过程的轮廓或细节。引入真实的不确定性特征，知识创新的故事肯定要难讲许多，纵使如此，作者初心不改，引入进化理论的概念与逻辑，可能不得心应手甚至不尽完善，但是这是一种回归真相的努力，是一种值得勉力而为的学术抱负。

作者开篇似乎讨论过"知"和"识"这个概念的由来。"知"，是源自经验、观察以及理论推演而获得的信息；"识"，是一种识别、判断和贯通"知"的能力；"知"是信息素材，"识"则是更辽阔更抽象层面的选择和处理"知"的视野。学术抱负本身也是一种"识"，一种做学术的目标宗旨、方法指向和研判视野。因此，这本专著即使在资料选用、文字斟酌和结构布局方面还存在有待完善之处，但大致上讲这属于"知"的问题，它的学术抱负无疑是值得首肯和激赏的，因为它带来了一种别致的"识"的惊喜。

徐　磊

（北京理工大学教授）

目　录

■第三篇　知识增值的测度

■ 前　言

　　当今世界，我们已经习惯于蜗居在人类自己精心构造的环境中生活，对自然或世界的疑惑已经不是大多数人生活的常态，人们似乎忘记了一个基本的事实：这个我们熟悉而又陌生的自然界，这个浩渺宇宙，无论其过去、现在还是将来，都不是刻意为人类准备的舞台。人类降生于此，或有不可重复的进化偶然。可以想象，当我们的祖先被毒蛇猛兽追得无路可逃，或在饥寒交迫中瑟瑟发抖之时，他们一定曾有过无语的惊恐，或在语言出现后曾有过天问般的疑惑：苍天何以如此？今天，我们都很清楚，这个苍凉的疑惑与人类生存的脉络和境况息息相关，我们这个物种演进的程度与能够回答这一问题的状况也是深度契合。当然，回答"苍天何以如此"，不是我们这本小书的主题，我们更感兴趣的是，我们以卑微的爬行动物、灵长类动物的脑组织，以及从能人、直立人、智人开始进化的大脑皮层，何以基于语言开始认知世界并彼此沟通相关的信息，由此一路演变，我们成为今天这般超级合作者。花样翻新的合作，既是我们的生存之道，也是我们认知这个迷茫世界的通常途径，当年孔子、老子、墨子的门徒们何以聚集一堂探索天地及人伦的真相，当年流连于柏拉图学园的各路大咖何以能够心灵交融追问苍茫大地探究环宇奥秘，这是我们倾心关注的问题。后来伽利略参与过的山猫学会，维纳研讨控制理论的无形学院，还有探秘基因结构的那一代人从美国冷泉港一直切磋纠缠到英国剑桥大学，最后搞生物学的沃森和搞晶体结构的克里克摘得桂冠，其中纷纷扰扰的故事至今难以定论。

科学史中，固然有牛顿那样的孤胆英雄，阳光和熙，清风徐来，凝视后花园落地的苹果，天眼张目地想到了万有引力。即使这个灵感闪烁的经典故事，背后也有伽利略抛体运动的铺垫，有胡克与牛顿之间关于"作用力与距离平方成反比"的发现孰先孰后的争议。我们无意断言历史的纠葛，但是其中的寓意似乎需要重申，那就是，人类本质上讲是一种基于交流合作而生存的物种，其思想、观念和知识的演变，总有彼此关联交融、互动激荡的痕迹。因为每一个参与者的主体特征千差万别，这种复杂关联中的知识创新，一定有许多值得挖掘思索的表象、轨迹与规则。这正是本书的主题。

岂止参与合作创新的主体禀赋各异，每个人的知识形态也可能迥异不同，从潜在的感悟经验，到条理分明的理论表述，专业的差异，更是需要在合作过程的磨合协调。人们基于不同的知识基础，基于不同的方法规则，何以形成了对知识真伪、创新步骤和研究结果的共识，何以在知识产权归属清晰或不清晰的状态下义无反顾地维系合作，在知识类型和操作规范的差异不可能完全消除的场景中，异质的思想资源何以共振并引爆连锁的创新反应，现代知识创新过程还呈现了许多精彩绝妙的特性，如突变、顿悟、耗散、混沌到涌现，无序到有序等等，这些都是我们本书亟待探索的细节。

当然，在互联网、大数据以及智能计算的时代，我们这类科学社会学的研究，已经能够渐渐引入全新的工具，可以在更坚实的数据基础、更严谨的推演平台上进行。在本书中，我们仅是为未来的研究做一些前期铺垫的工作，合作过程的数据挖掘与计算、合作网络动态结构的呈现，不同合作关系的动力学机制的解密等，是今后的主要研究工作。但是，我们对合作主体特征的刻画，对他们彼此关联关系和互动规则的研究，对其制度模式的描述，对合作进化机制的猜度，这些质性研究，正是为了迎接社会科学研究的范式转型。近期，我们参与了一系列计算社会科学的学术活动，我们对此满怀信心。人们知识创新的合作，固然形态复杂，但是，辨析其中的脉络条理，似乎能够"知其不可为而为之"，我们的故事正是由此心态而展开。

第一篇

知识创新的序曲

第一章
开启创意之门：知识的积累与嬗变

科学到了最后阶段，便遇上了想象。

——雨果

科学是永无止境的，它是一个永恒之谜。

——爱因斯坦

对于大部分人来说，奇思妙想总是出现在转念之间，一个创意的火种不经意的留存下来，等待着新的火花来与它会合迸发。我们从一片朦胧的状态中寻找着知识之间的联系，不断地累积搭建新的框架体系，也从冲突和博弈之间寻找新的生存点。一个想法或许几经周折才能变成一个被赋予创新意义的点子，但在创新的这一项活动之中，没有想法应该被忽视，也没有一个想法应该被放弃。

1.1 知识：从混沌到涌现

《未来简史》中，尤瓦尔·赫拉利①说道：有关于知识的悖论是：知识如果不能改变行为就没有用处；但是知识一旦改变了行为，知识本身就立刻失去意义②。这是从知识的最

---

① 尤瓦尔·赫拉利（1976~ ），1976 年生于以色列，牛津大学历史学博士，青年怪才、全球瞩目的新锐历史学家，第十届文津图书奖得主。他关注的领域横跨历史学、人类学、生态学、基因学等，从宏观角度切入的研究往往得出颇具新意而又耐人寻味的观点。

② ［以色列］尤瓦尔·赫拉利，林俊宏译：《未来简史》，中信出版社2017年版。

终目的上看待知识的功用，知识在行为上的最终展现既是知识的最终目标，也是新知识的新的起点和根基。单从知识向行为转化这一过程，从更为细节的角度看待知识的表现形式，有显性知识和隐性知识的分别。20 世纪 50 年代，世界著名的科学大师迈克尔·波兰尼①发现了知识的隐性维度。波兰尼认为，以书面文字、图表和数学公式加以表述的一种类型的知识为显性知识，未被表述的知识是为另一种隐性知识。按照波兰尼的理解，显性知识是能够被人类以一定符码系统，如最典型的语言、数学公式、各类图表、手势语等诸种符号形式，来加以完整表述的知识。隐性知识和显性知识相对，是指那种我们知道但难以言述的知识②。

知识，本质上就是一种对现象的解释，包括自然科学知识、社会科学知识、艺术哲学知识等等。但是并不是所有的解释都是知识。人类历史上，出现过很多解释体系，最早的

---

①　迈克尔·波兰尼（Michael Polanyi 1891—1976），匈裔英籍著名的物理化学家和哲学家，因创立意会认知（Tacit Knowing）理论享誉国际学界。他的主要著作有：《科学、信仰和社会》（1946 年）、《自由的逻辑》（1951 年）、《个人知识——迈向后批判哲学》（1958 年）、《人的研究》（1959 年）、《超越虚无主义》（1960 年）、《层次》（1966 年）、论文集《认知与存在》（1969 年）、《意义》（1975 年）。其中《个人知识——迈向后批判哲学》是一部代表波兰尼哲学思想的著作，书中提出的"个人知识"理论体系，引起了人们的广泛关注，甚至被一些学者誉为是继笛卡尔、康德以来认识论上的第三次"哥白尼式的革命"。

②　［英］迈克尔·波兰尼：《个人知识》，上海人民出版社 2017 年版。

巫术，后来的神话、宗教，都是解释体系。各个解释体系之间还时常会发生冲突。《西门豹治邺》① 这个故事，实际上讲的就是巫术和知识两种解释体系之间的冲突。巫婆以河伯发怒作为洪涝灾害的解释，认为活人祭祀的方式是安抚河伯、停止灾难的最好方式，而西门豹则认为发洪水是自然规律，开凿水渠、疏通河道才是最佳治理途径。而故事的结局是西门豹将巫婆投到了河里，也意味着科学战胜了巫术。

问题之初，关于知识的形态还处于一片混乱的境地，我们可以认为，在人类初始思考问题、解决问题、传递经验的时候，知识便已产生。但是，若论及知识真正的成体系化，成为我们称之为"知识"的知识，应当是在语言产生之后，也就是知识从混沌到涌现的过程。威尔逊的大历史论以及史迪芬平克关于语言能力的论说，都能体现出语言进化过程中模仿的作用，知识在模仿的过程中以语言的方式传习下来。尽管人们明确认识到知识和技术积累对于人类历史的重要性，但到底是什么样的人类特质使人们认识到的，目前还不清楚。

_____

① 《西门豹治邺》：讲的是两千多年前，西门豹管理邺那个地方时，通过调查，了解到那里的豪绅和巫婆勾结在一起危害百姓，便设计破除迷信，并大力兴修水利使邺地重又繁荣起来。魏文侯时，西门豹为邺令。……西门豹曰："至为河伯娶妇时，愿三老、巫祝、父老送女河上，幸来告语，吾亦往送女。"皆曰："诺。"……豹视之，顾谓三老、巫祝、父老曰："是女子不好，烦大巫妪为入报河伯，得更求好女，后日送之。"即使吏卒共抱大巫妪投之河中。……西门豹即发民凿十二渠，引河水灌民田，田皆溉。当其时，民治渠少烦苦，不欲也。……

但就知识是突发的还是渐进的这一话题，可分为两派观点，一派是以邓巴和科尔巴里斯为代表，邓巴认为，由于群体规模和群体间联系的日益增长，语言交流能力和技术积累的增强，基于复杂的互动和协调所带来的选择压力导致的渐进结果。而以乔姆斯基和狄肯为代的另一派观点则刚好相反。乔姆斯基认为通用文法是一个全有或全无的、不知何故瞬间形成的命题。狄肯认为象征符号的出现是突然发生的。但无论是什么技巧使人类具备了上一代人所积累超过下一代人的所未天生具备的能力，都需要一种明确的解释，即这种能力是如何在不诉诸隐喻的现实条件下、在可辨识的选择压力下演变而成的——不管是突发式还是渐进式。

虽然以上这些问题一环扣着一环都未得到答案，但是不可辩驳的是我们对于"知识"这一含括多方面内容的概括性词语的理解正渐渐明朗化。我们从万千的碎片理解之上将"知识"这一概念抽取出来，真正的定义成为一概括性的名词，自此，对于能称其为"知识"的知识，真正得以保护并流传。虽然我们对于知识的概念和由来多有争议，但是我们对于知识的特性有着较为统一的看法。随着人类社会对于知识的更深一步的理解与解读，我们对于知识的概念也正一步步走向明朗化。

知识中的每个细节都和现象有对应的关系，改变任何一个细节，这个知识都没法做到自圆其说。难以改变是知识核心的特点，也是知识相较其他解释体系最大的不同。除了知识以外的其他解释体系，大多是可以随意改变的。例如嫦娥奔月的例子，孩子的妈妈和姥姥讲的不一样，因为妈妈说嫦娥是因为被坏人欺负才奔月的，而姥姥讲的是嫦娥想要一个人长生不老才吃下仙丹独自奔月。虽是同一个神话，同样的故事结局，但是故事细节上已经发生了变化。这就是可以随意改变。所以，神话就不是知识。

知识同时也具有延伸的特性。知识不能局限于某事某地，它得能解释所有这类现象，否则就不称其为知识了。仍旧以神话为例，中国自有盘古开天辟地的神话，古人用此来解释世界是怎么形成的这个问题。但是这种解释并非放之四海而皆准，欧洲大陆并不信奉盘古，甚至从未听说过。对于世界是怎么形成的，各个国家、民族都有自己的一套解释，但因为不能适用于所有国家、民族，所以这些解释都不是知识。

最后，知识具有可验证性。知识可以通过实验或预测被证明或者证伪。知识是否真正预测未来，可以由公众检验。如果实验或预测的结果，在所有细节上都能和知识的内容一一对应，那么这个知识就是正确的。以海王星的发现为例，人们在还没有观测到海王星的情况下，用牛顿力学推测出来有这样的一个星球的存在，所以海王星也被叫作"笔尖上的星球"。海王星的发现，就是对牛顿力学的一次精彩的验证。有了难以改变、能够延伸、可验证这三大特点，特别是难以改变这个核心特点，知识就一下子从一大堆解释体系中脱颖而出，成了一种"更好的解释"。人类一旦掌握了大量的知识，就能运用这些知识，透过表象看到事实，更重要的是，就能对造成表象的原因给出科学解释并且通过验证不断改进这种解释。根据这种解释，人们一方面可以重复开展对自己有利的活动，比如开凿渠道、引水灌溉；另一方面，可以采取措施避免对自己不利的情况发生，比如例行体检，提早预防可能存在的疾病。这样一来，人类就能让自己生活在更加舒适幸福的环境之中，也就是我们所感受到的"进步"。

1.2 创新的奇点临近

创新的概念最早用来从技术与经济相结合的角度探讨技术创新在经济发展过程中的作用。以现代创新理论提出者约瑟夫·熊彼特①为代表。他认为，创新要将"生产要素重新

---

① 约瑟夫·熊彼特（Joseph Alois Schumpeter，1883—1950）。是一位有深远影响的美籍奥地利政治经济学被誉为"创新理论"的鼻祖。1912年，其发表了《经济发展理论》一书，提出了"创新"及其在经济发展中的作用，轰动了当时的西方经济学界。《经济发展理论》创立了新的经济发展理论，即经济发展是创新的结果。其代表作有《经济发展理论》《资本主义、社会主义与民主》《经济分析史》等，其中《经济发展理论》是他的成名作。

组合""建立一种新的生产函数"。把这种从来没有的关于生产要素和生产条件的"新组合"引进生产体系中以实现对生产要素或生产条件的"新组合"。而"经济发展"就是指整个资本主义社会不断地实现这种"新组合"。但由于不同的创新对经济发展产生不同的影响的非连续性和非均衡性,经济波动的周期性也显现出来。

根据库兹韦尔①的看法,人类已经经历了 19 世纪技术的兴盛,目前正处在第五纪元。奇点其实可以看作是一个时期,它将随着第五纪元的到来而开始,并于第六纪元从地球拓展到全宇宙。奇点并不是固定的一个点、一件事情,而是在时间轴上被定义了范围的一个点,它是可以代表很长的一段时间的一个点,也是一个过程,发生在逐渐的变化中。

从宇宙学说的概念上释义"奇点",宇宙产生之初,由爆炸形成现在的宇宙的那一点。它具有所有物质的势能,而

---

① 库兹韦尔是世界领先的发明家、思想家、预言学家,他利用 20 余年的时间记录和追溯历史的发展轨迹,以预测未来。比尔·盖茨称赞他为"预测人工智能最准的未来学家",他将自己几十年来对人类未来及机器的思考结集成书《奇点临近》,《财富》杂志称他为"传奇的发明家",被《华尔街日报》誉为"永不满足的天才",被《福布斯》杂志誉为"最终的思考机器"。入选美国国家发明名人堂,是美国国家科技奖章获得者,Lemelson-MIT 大奖获奖者,拥有 13 项荣誉博士头衔,曾获得 3 位总统嘉奖。主要著作还有:《Fantastic Voyage: Live Long Enough to Live Forever》(与特里·格鲁斯曼合著)、《The Age of Spiritual Machines》、《The 10% Solution for a Healthy Life》和《The Age of Intelligent Machines》。

图 1-1 探寻宇宙中的奇点

这种势能——正是由大爆炸而转化为宇宙物质的质量和能量，以及表现这种质量和能量的"空间"。奇点是一种无形的、无限小的、很奇妙的存在。从物理学上讲，奇点是一种无限小且不实际存在的"点"。可以想象一维空间（如线），或二维空间（如面），或三维空间，当它无限小时，取极限小的最后的一"点"，这个不存在的点就是奇点。物理学中的奇点也用于描述宇宙学中黑洞的情况。数学上称未定义的点为奇点，当一个点在特别的情况下无法完成序列延续时，此点称为奇点。高中和大学数学中的导数、极限值等就是很好的例子。

奇点的概念说明了指数级增长的速度是多么的令人震惊，开始的时候增长速度很慢，不被察觉，但一旦超过曲线的拐点，便以爆炸性的速度增长[①]。

创新产生的内在规律与奇点原理不谋而合，在指数增长曲线的第一象限中，指数曲线像一个大大的对号。社会模式变化的加速度将与信息技术的指数增长速度相同，都将处于曲线的拐点，在这个时期指数增长的趋势将变得非常明显。一旦越过这一阶段，这种加速的趋势将呈爆炸式地增长。创新的激发亦是如此。想法迸发的节奏如此迅速，其所带来的影响如此深刻持久，个体的原有知识结构将不可避免地发生改变。

创新的整个过程环节，同时符合加速回归定律的两个主要的原则。其一是进化用当前阶段产生的最好方法去创造下个阶段，进化过程中的回报总是呈指数增长。其二，指数级的增长是具有迷惑性的，它始于极微小的增长，随后又以不可思议的速度爆炸式地增长——如果一个人没有仔细留意它

---

① ［美］库兹韦尔著，李庆诚、董振华、田源译：《奇点临近》，机械工业出版社2017年版。

的发展趋势，这种增长将是完全出乎意料的。

　　这种出人意料的增长方式应用最多的就是在信息技术上，其中摩尔定律就是代表。摩尔定律是英特尔公司创始人之一戈登·摩尔①提出来的。这个定律是指在保持单位成本不变的情况下，由于技术的进步，集成电路上可容纳的电脑芯片大约每两年就可以增加一倍，而且性能也比上一代的性能提升一倍，这样的话，电脑芯片计算的性价比就以指数增长。所有的技术进化也都遵循加速回归定律，所以技术发展和创新的速度都以指数增长。技术发展规律成指数增长，技术创新，速度也是指数增长，二者结合，带动技术飞速发展也就自然进入到奇点，奇点是加速回归定律的必然结果。

　　以人工智能的渐进发展作为创新这个过程的最典型例子，初始阶段，我们可能只是停留在利用人工智能改变部分身体构造的部分，例如机械臂和义肢的应用，随着技术的更新和改进，利用关键技术替代部分感官功能也或将成为可能。改

---

　　① 戈登·摩尔，1929 年 1 月 3 日出生于旧金山佩斯卡迪诺，美国科学家，企业家，英特尔公司创始人之一。摩尔定律是信息产业几乎严格按照这个定律以指数方式领导着整个经济发展的步伐。在英特尔公司，摩尔定律开始得到彻底的发挥和实践。从 70 年代起，英特尔就构筑了其赖以成功的商业模式——不断改进芯片的设计，以技术创新满足计算机制造商及软硬件产品公司更新换代、提高性能的需要。摩尔提出，计算机的性能每 18 个月翻一番，只有不断创新，才能赢得高额利润并将获得的资金再投入到下一轮的技术开发中去，才会在竞争激烈的市场上生存下来。而摩尔的口头禅就是"改变是我们终身的热爱"。

变人类以往的患疾病的可能，大大减低死亡率，延长人类寿命都将有一天成为现实。

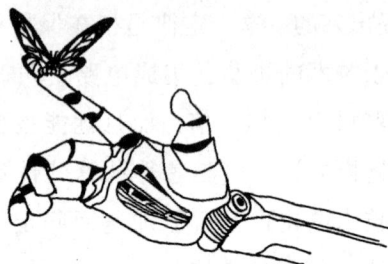

图 1-2　机械臂之美

创新的内在机理几乎等同于这一过程，创新的最终实现是始于无数个细微的想法的节点，最终由于碰撞激发出现实的、具象的创新实物。或者我们可以说，创新是存在层次关系的，正如奇点的临近。每一步都是一点一点向前移动的过程。或许因为它初始的弱小，还未被发掘，但是随着它的壮大，我们会发现它前进的步伐逐渐地加快，最终达到新的起点。

在库兹韦尔的观点中，奇点涉及很多方面，其发展速度是近似垂直的指数增长，从数学的角度，奇点的发展是没有间断和断层的，其增长速度极快，但仍是有限。在我们当前的有限框架内，即发生的事情似乎是连续性过程中一个突发性的中断①。在此进化过程中，我们又提出了新的疑问，在无限的趋近于有限时间内的奇点的过程后，如何确保创新是持续进行下去的，而不会中断或是正如前任复杂性科学研究中心所长杰弗里·韦斯特所言，在超越有限时间奇点后发生崩溃，而在实现目的的同时确保开放式增长的持续进行。

当然，在现实社会中，连续创新之间所链接的节点并非是一项特殊的事件或是某个特定的时间，毕竟我们论及工业革命也无法确切地说出是哪一天或是哪一年，但是在整个历史的轨迹中，这也只能算是小小的一个点。同样的，这些点与点之间的连接的距离，也就是重大创新之间的时间间隔应当都是不等的，并且应当是一个愈来愈短的趋势，正如历史重大事件发生的频次一样。

1.3　创意灵感的顿悟与捕捉

原始坍塌与顿悟

所谓顿悟就是动物突然觉察到问题解决的办法，是动物

---

① ［美］库兹韦尔著，李庆诚、董振华、田源译：《奇点临近》，机械工业出版社 2017 年版。

领会到自己的动作为什么和怎样进行，领会到自己的动作和情景、特别是和目的物之间的关系。动物只有在清楚地认识到整个问题情境中各种成分之间的关系时，顿悟才可能发生。顿悟的过程也是一个知觉的重新组织过程，从模糊的、无组织状态，到有意义、有结构、有组织的状态，这就是知觉的重组，也是顿悟产生的基础。创新点是顿悟之后的结果，它经历了脑中原始架构的坍塌，在一片琉璃碎瓦之上重新搭建起来的点子，是一个不可多得的创意。顿悟是一种突然的颖悟。

格式塔派心理学家指出人类解决问题的过程就是顿悟。当人们对问题百思不得其解，突然看出问题情境中的各种关系并产生了顿悟和理解。有如"踏破铁鞋无觅处，得来全不费功夫"。在格式塔派心理学家科勒的实验中，著名的有"接竹竿实验"。在接竹竿实验中，科勒将黑猩猩关在一个放置有竹竿的笼子里面，在笼子外面放有香蕉。黑猩猩要想得到香蕉，就必须将两根竹竿接起来。经过观察，黑猩猩首次在利用一根竹竿失败后并未多次重复尝试，而是停下来思考一会儿，摆弄两根竹竿，使得两根竹竿连接起来后它就会很快地用接起来的竹竿去得到食物。所以科勒认为，学习是一个顿悟的过程，而不是连续尝试错误式的。

顿悟往往跟随在一个阶段的尝试与错误之后发生，但这

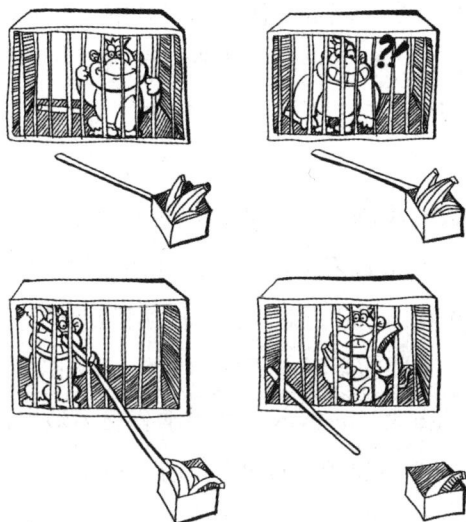

图1-3　接竹竿实验

种行为不像桑代克①所描述的那样，而更相似于一种"行为假设"的程序，动物在试验了这些假设以后，便会抛弃它们，它往往是顿悟的前奏。这些"前奏"就是原始的"坍塌"。动物的行为在停顿以前，往往是尝试错误式的，在停顿之后，其行为往往是有序的，动物就可能找到解决问题的

———————

① 爱德华·李·桑代克（Edward Lee Thorndike 1874—1949）美国心理学家，动物心理学的开创者，心理学联结主义的建立者和创始人。创立了教育心理学这门学科，使教育心理学从教育学和儿童心理学中分化出来，成为一门独立的学科。因此被称为教育心理学的奠基人。主要著作有《动物智慧》《教育心理学》《智力测验》《人类的学习》《需要、兴趣和态度的心理学》《人类与社会秩序》。

新的、更好的方法，就可能使问题得到解决。动物一旦通过顿悟解决了问题，就有一种对于类似问题的高度迁移，动物在试验中表现出的高水平的保持和理解，这同样有助于知识的顺利迁移。

在大多数人头脑中，与创意相联的大多为写作、电影、音乐乃至广告等充满艺术性、原创性的事物与活动，不过，组织和创新机构的创意更需具备可行性和有效性。创意一词，不同的专业，不同的学者有不同的解释和运用。有的学者将其视为名词 idea 和 creativity，有的学者视为形容词 creative。ideas 英文原意为"思想、意见、立意、想象、观念"等。在我国，目前很多创意方法讨论文章中都直接把这个词完全等同于创意。creative，这个词直接被翻译成"创意"也非常普遍。"creative strategy"一词常被译成"创意策略"，creative 英语中为形容词，原意为"有创造力的、创造性的、产生的、引起的"等，可见，被直接译成"创意"这样的名词似乎不合适。creativity，即"创造力"，有时也被译成"创意"，代表因为创造力所产生的成果，是一种有用的新想法与意见，是创新思维的历程和能力的体现。Leonard and Swap[①] 认为

① Dorothy Leonard 是哈佛商学院工商管理专业的名誉教授。其著有《Wellsprings of Knowledge：Building and Sustaining the Sources of Inovation》和《When Sparks Fly：Igniting Group Creativity》。Dorothy Leonard 与 Walter Swap 在创造力与创新管理领域发表多篇具有代表意义的文章。

"创意"与"创新"是不同的，他们也将创意（creativity）定义为"研发及表达可能有用的新奇点子的过程"。而对创新（innovation）定义为"在新奇、有意义、有重要价值的新产品、过程或服务中，知识的具体化、综合以及合并"，也就是说"创新"是具有实际用途或商业价值的，而"创意"则不见得如此。

这种新奇的点子的相互碰撞能够产生创新点，而且创新点本身也是想法。对于想法的产生基本有两种看法，一种来源于心智，一种来源于社会实践。罗素①在其《人类的知识》② 中就提到知识继承和发展的问题时就强调了学习的主观能动性。其中一个观点就是，认可后续想法的产生是建立在已有想法的基础上。也就是说，后续想法的产生既可能是想法和想法之间相互碰撞的结果，也可能是想法和客观现象之间相互作用的结果。考虑到想法同客观现象之间相互作用直接形成创新点的小概率性。假使形成了可以称之为创新点

① 伯特兰·阿瑟·威廉·罗素（Bertrand Arthur William Russell，1872—1970），英国哲学家、数学家、逻辑学家、历史学家、文学家，分析哲学的主要创始人，世界和平运动的倡导者和组织者。主要作品有《西方哲学史》《哲学问题》《心的分析》《物的分析》等。

② 《人类的知识》的主要目的在于考察个人经验与科学知识整体之间的关系。这是罗素最后一本专门的哲学著作，也是他后期思想的总结。此书涉及面的确是十分广泛的，从天文学、物理学、心理学、生物学，到现代哲学中十分热门的语言学，还有概率论、科学学，其中包括了对相对论和量子力学这些科学发展的最新成就的见解。

的想法，也需要不断地剖析研究来使创新点更加明了。因此将这一类创新点归类到想法中，不影响其作用和价值，不阻碍其迅速发展成为创新点。也就是说，无论是"灵光一现"还是"经过上千次实验"形成的创新点，都产生于想法的相互作用。对于多个创新主体进行想法碰撞，激发集体智慧产生创新的一个著名的方法就是"头脑风暴"，它是由美国奥斯提出。重点是让与会者敞开思想，使各种设想在相互碰撞中激发脑海的创造性。由此也可以看出，这种方法的基础还是在交流讨论中各种想法相互碰撞融汇能够形成创新点。我们古代流传下来的一句谚语"三个臭皮匠顶过一个诸葛亮"也是这个道理。[①]

想法的无序到有序的升华

科学世界里有一个概念叫作"熵"，熵的大小可以用来衡量事物的混乱程度，熵越大，事物越混乱。科学研究表明，我们所处的宇宙，正在奔往混乱的路上。但神奇的是，地球上的生命却体现出了绝对的"叛逆性"。我们不说最早的分子、有机物的诞生，仅从第一个生命的出现到今天我们人类智慧文明的大发展，所有生物的进化都体现出一个共同的趋

---

① 吴杨：《团队知识创新过程及其管理研究》，哈尔滨工业大学博士论文，2009 年。

势：将体内和外界混乱无序的物质和能量进行重新组织，让其遵从生物体内的统一调度规则，服从于生物体的进化和生长。将无序混乱的物质元素重新整合，使之成为体内有序生长的一份子，是生命的可贵和奇妙之处。

根据熵的增加原理，所有过程都是朝着从有序向无序的方向发展。宇宙起源于大约 137 亿前一个大爆炸的火球。大爆炸之初宇宙的所有质量能量集中于一点，温度相当高，能量的有序度也最高，随着时间的推移，能量消散，星云退行，温度降低，实际一切朝着热平衡的方向发展，能量的有序度越来越低，也就是宇宙的熵在增加。如果宇宙一直这样膨胀下去，亿万年后，宇宙将会烟消云散，能源耗尽，热传递趋于平衡，一切走向死寂。

但现代科学发现宇宙中存在暗物质，宇宙总质量还不清楚，如果宇宙的总质量超过某一临界值，在万有引力的作用下，将来宇宙也可能转膨胀为收缩。

在这种规律下，在一个开放系统内，从无序到有序转变的规律几乎都是由序参数支配的。掌握住这个关键的序参数就掌握了这个世界的奥秘。例如当温度降低到一定程度时就会出现电阻消失的超导现象（从无序耗能的电子流动到有序不耗能的电子流动）；再比如当温度升高到一定程度时，磁铁的磁场会消失（从有序的磁场到无序的磁场）；温度就是这两种现象的序参数（关键变量）。哈肯概括了化学振荡反应、细胞黏菌的聚集、力学工程中的压曲、斑马纹的形成、蝇眼的六角形图案等不同现象中有序结构形成的共同特点，即一个由大量子系统所构成的系统，在控制参量达到临界值时，子系统之间通过非线性的相互作用产生协同现象和相干效应，使系统形成一定功能的自组织结构，在宏观上便产生了时间结构、空间结构或时空结构，出现新的有序状态。

当组织为远离平衡态的开放系统，组织内各要素之间存在非线性的相互作用，且组织内部环境都在进行着知识交换的条件达成的情况下，组织逐渐从无序发展到有序。组织内部的一个微观机制的需求扰动就会通过相关作用放大，最终成为一个整体宏观的涨落态势，然后逐渐平息，渐渐达到一个稳定有序的状态。在组织内部或是组织与外部在知识传递的过程中传递效率与阻力损失的度量，也是知识管理效能的一种度量为知识熵，知识熵增加也就意味着知识管理效能的不断减少和持续消耗。

组织系统其实是在一个杂乱的充满噪音的环境下运行的，也正是因为这些噪音中的碎片信息，使得组织能够获得外部的信息，达到延展或拓宽。换句话说：混乱和无序是组织拓展自己的渠道之一，是组织创造能力的一个条件。具有创造力的组织通过组织内部的自组织对混乱做出适当的反映，采取一定的手段措施发现新的观点、新的解决措施或是新的产品来形成新的秩序从而取代原有环境的无序状态。

Leonard and Swap 认为创意需要"发散性思考"（divergent thinking），即舍弃熟悉、固定的做事与看待事物的方法。而发散性思考可以产生新奇（novel）的点子，而新奇在创意发展的初期阶段是相当重要的因素。发散性的思考其实就是一种持续无序的状态。但在此基础上，这些新奇的点子必须能够对其他人进行表达或者沟通，以检验这些点子是否真的新奇，进而进行"收敛性思考"（convergent thinking），在这些新奇的点子中决定哪些值得继续进行，最终确定获得共识将继续进行的点子，必须有可以实用的潜能。

Leonard and Swap 又指出，前述"创意过程（creative process）的成果就是创新（innovation）"。但不是所有的有创造性的想法或者创新思维的体现都是创意，创意是想法的发展和升华，很多想法不断发展，相互碰撞最终形成创新点形成创意，那么如何抓住瞬间的想法和创意。创意是所有组织的活力之源，不论组织的任务是发明突破性的产品，还是解决复杂的问题，都需要好的创意。创意是经过思考产生的，思考的依据来源于两个方面：一是一般性储备，即创作人员个人必须具备的知识和智慧；二是领悟能力，即创作人员对问题的理解程度。

经验技巧到知识规律

经验是由人生经历总结而来，实践是认识的来源，而经验只是认识的初级阶段，必须不断深化才能成为人生阅历；知识是人类对物质世界以及精神世界探索的结果总和，及经验的系统固化；唯有将经验与知识结合，同时在人生经历中灵活运用所学知识，才能最大限度激发人们的潜能，展现能力，丰富阅历。经验是个性化的、持久的不断积累；知识是普世化的、理论式的系统总结。

人类的知识成果来自社会实践，其初级形态是经验知识，高级形态是系统科学理论，按其获得方式可区分为直接知识和间接知识；按其内容可分为自然科学知识、社会科学知识和思维科学知识。哲学知识是关于自然、社会和思维知识的概括和总结，知识的总体在社会实践的世代延续中不断积累和发展。

知识就是概念之间的连接，它是概念的一个方面，概念的内容的另一个方面是与直观之间的连接，我们构造概念的目的归根结底是为了把握直观。因此，概念与概念之间必须彼此连接形成知识，有了知识才有力量，才能去把握直观。

对于处理新问题复杂问题的情况，知识和经验都重要：对于一个恪守自身处事原则的人来说，经验比知识更重要；对于一个不断突破提高自身能力的人来说，知识更重要。对于一个具有较高智慧的人来说，其会平衡知识增长和经验积累的关系，使得知识与经验形成互动，知识和经验的重要性一样。就人类文明突进而言，知识与经验是互为补充、互相转化的两个方面，知识是固化的成果，经验是运动的信息。就一个人的成长而言，知识与经验早已融合在一起，去追究哪个更重要就没有意义了。真正的知识与真正的经验完全属于两个不同的领域，一个是客观世界，一个是主观世界。二者是无法比较、缺一不可的，所以无法说出谁更重要。

技巧是被用在形容解决问题的一种特别的手段，是一种更加便捷、使复杂问题简化的一种方式，而规律是事物运动过程中固有的、本质的、必然的、稳定的联系，是客观的，是不以人的意志为转移的。世界上的事物、现象千差万别，它们都有各自的互不相同的规律，从本体论上对规律进行界定，规律表征的是事物固有的本质和必然的联系，规定着事物运动发展的方向、道路与趋势。规律存在于整体世界之中，从不同的角度看待规律则有不同的分类方法。

从对象的特点来看，规律可以分为自然规律和社会规律，社会规律和自然规律既具有同一性，又有着区别。自然规律是在自然界各种不自觉的、盲目的动力相互作用中表现出来的；社会规律则必须通过人们的自觉活动表现出来。

从表现的时间和空间看，规律又可分为共时态规律、历时态规律，共时—历时态规律。共时态规律是指决定系统形态结构或者构造的本质性特征的结构规律，历时态规律是揭示事物现象时间发生顺序的规律，如因果规律等，共时—历时态规律则是综合二者的规律，是事物发展的整体规律。

从确定性程度来对规律进行划分，可以分为动力学规律和统计学规律。动力学规律概念来自于古典力学，是自然科学领域的一种简单的运动规律，是将系统内部的子系统之间的变化链接的关系展现出来的，而统计学规律则是更多的落脚于总体之中，表现在整体的运动之中，不仅适用于自然领域而且适用于复杂的社会生活。

规律和本质是同等程度的概念，都是指事物本身所固有的、深藏于现象背后并决定或支配现象的方面。然而本质是指事物的内部联系，由事物的内部矛盾所构成，而规律则是就事物的发展过程而言，指同一类现象的本质关系或本质之间的稳定联系，它是千变万化的现象世界的相对静止的内容。规律是本质的联系，不是现象的联系。规律和它的现象是密切相关的，规律是现象中稳定的、深刻的东西，它深藏在事物的内部；现象是规律的外在表现形式，规律要通过现象表现出来。

1.4 知识创新的目标：知识增值、
更新与显现

知识创新概念的多角度解析

知识创新是一个复杂的过程，对于知识创新这一概念，学术界并未对其有统一的定义。本书从层次范围、创新主体、心理学及系统的角度对知识创新的定义进行界定也可以在一定程度上帮助理解知识创新的内涵。

首先，从层次范围角度的知识创新定义，将其分为广义知识创新和狭义知识创新两个方面。广义的知识创新是指通过创造、演讲、交流和应用，将新思想转化为可销售的产品和服务活动，以取得企业经营成功、国家经济振兴和社会全面繁荣。包括科学研究获得新思想、新思想的传播和应用、新思想的商业化等，有三种形式：一是通过研究和发展活动进行知识创新；二是除了研究与发展活动外，在知识的生产、传播、交换和应用过程中发生的知识创新；三是为了社会和经济利益的新知识的首次扩散和应用。此时，知识创新是一个宽泛的概念，可以包括技术创新、制度创新和管理创新三个主要内容。其中，技术创新是知识创新的核心和基础，管理创新是知识创新的保障，制度创新是知识创新的前提。狭义的知识创新是指通过科学研究获得新的自然科学知识、社会科学知识和技术科学知识的过程。知识创新是在世界上首次发现、发明、创造或应用某种新知识，或者在世界上首次引入知识要素和知识载体的一种新组合和新组合的首次应用。狭义的知识创新主要通过科学研究这个具体途径获得，主要有科学发现、技术发明、知识创造和新知识首次应用等四种表现形态。科学研究主要指科研活动和学术活动。科研活动由三部分构成：即研究与试验发展，成果转化和应用，科技服务。学术活动，是从科学研究的角度来讲的，高等教育系统的基本学术活动，包括教学、科研和社会服务，同时还包括举办和参与学术会议，进行学术交流，出版学术刊物和书籍。

其次，从主体角度定义知识创新，知识创新的主体分为个人知识创新和团队知识创新。个人知识创新是团队知识创新的基础和组成部分。个人知识创新和团队知识创新既可以是两种不同的形式，也可以看作是同一事物的两种不同的表达方式。个人创新既可以成为团队创新的基础，也可以独立于团队创新单独存在。个人知识是指团队成员自己的知识，包含技能、经验、习惯、直觉、价值观等，属于其个人可以带走的知识。

图 1-4　团队中个体知识状态

个人知识创新则是成员个人根据外界需求刺激、个人兴趣取向、思维方式及性格特征、成长背景等多方面通过各种方式的学习对知识进行吸纳和释放的过程，吸纳知识过程是对自身知识进行积累和更新的过程，释放既是在吸纳中或吸纳后的一次自身拥有知识质的飞跃也包括量的递增的过程，从吸纳到释放的往复循环构成了个人知识创新。团队知识是团队有权或能被其成员所共享的知识，是将个人产生的知识扩散并结晶于团队的知识网络中，表现为团队的规则、技术、流程、惯例、共同愿景、品牌、专利、管理模式、数据库系统、主导思维模式、价值观和文化。团队知识创新则是成员间知识不断的传递和转化，使整个团队的知识存量不断扩张，新知识不断涌现。在此知识增值过程中，团队有意或无意形成的组织文化、竞争—合作的协同关系、有效的信息沟通体系及科学的综合管理方法都成了团队知识创新中的重要组成部分。总之，知识创新过程是从个体开始、经团队再流向个人或团队外部①。无论是个人知识创新还是团队知识创新，都是知识增加或更新的过程。在二者知识创新的过程中，双方将会转化彼此的创新产物，成为二者的重叠部分，也有些部分将成为各自的私有产物，不能被彻底转化。个人知识创新是团队知识创新的基础和组成部分。

团队知识创新过程中，成员的某些隐性知识，其隐性程度较大难以转化为他人的知识，或团队没有意识到某些知识是重要的没有进行共享和挖掘；个人知识创新的过程中将受到团队的组织文化，信息体系甚至是成员友情等团队固有特质的培养和熏陶，但很难将其带走，因为在此之后很难出现完全相同特性的团队。

第三，从顿悟的角度定义知识创新，是一个从艰苦思索到茅塞顿开的量变和质变交融渐进的过程。顿悟更多是从心理学的角度对知识创新的研究，即是对创造力的研究，创造

---

① 吴杨:《团队知识创新过程及其管理研究》，哈尔滨工业大学博士论文，2009 年。

力是知识创新的核心要素，所以知识创新也存在突发性，这种突发性就是指思维过程的非预期的质变方式，是一种顿悟的表现。任何一项创新成果都离不开创造性的思维活动，创新往往是在创造性思维指导下，只有具备了一定的创造能力，才能进行创新。从顿悟的角度来看知识创新就是知识创造者的知识积累变化从量变开始，量变过程包含部分质变；一旦超出旧质相对稳定的关节点，便发生旧质向新质转变的飞跃，并在新质基础上开始新的质变。而知识创造者的创造力越强量变到旧质变到新质变的速度就越快，相对稳定的临界点出现的频率就快，其知识创新的成果就越多。

最后，从系统角度对知识创新进行定义，认为客观世界的系统都是开放系统。知识创新是一个动态的过程，也是科学知识从无序状态向有序状态的演化过程，当知识积蓄到某一临界点，则发生突变，即是知识创新。因此可以说知识创新是一个开放的系统，无论是旧知识向新知识演化的过程还是知识要素的新组合及其首次应用，都是远离平衡有序结构形成的过程。其界限内为系统本身，而界限外则为与系统有关的环境。① 知识创新过程从不同角度有着不同的分类方法。管理学角度对知识创新过程的研究比较宏观具体；心理学上

---

① 吴杨：《团队知识创新过程及其管理研究》，哈尔滨工业大学博士论文，2009 年。

对创造力过程的研究比较深入，同是微观抽象，一般将思维、逻辑、潜意识、顿悟等概念应用到创造力过程中阐释其深刻内涵。通过对这两领域之间的比对分析，微观和宏观两种角度似乎可以成为一种观测方式。

知识创新的目标：知识增值

知识增值机制的重点在于组织已经获取的知识得到增值，这种增值包括两个层次，即量增值与质增值。美国著名管理学家迈克尔·波特在《竞争论》① 一书中指出，土地、劳力、原料、资本等传统资源是第一次浪潮的生产要素，而信息和知识是第二次浪潮的核心资源，并从量增值和值增值两个层面对知识资源进行了分析，强调知识增值是在演进、派生、分化和扩展跃进的过程中所呈现的增长趋势。知识增值在原本的意义上，其实质是指企业参与知识流动过程中，为了满足顾客的潜在需求，通过对确定的价值目标、活动过程和正确的增值活动进行管理的过程。价值链理论作为一种研究知识增值的方法，已从企业内部延伸到企业外部，并把供应商、

---

① 迈克尔·波特（Michael E. Porter，1947—），是世界管理思想界的战略权威，是商业管理界公认的"竞争战略之父"。其最经典的三部著作是《竞争战略》《竞争优势》《国家竞争优势》，被称为竞争三部曲。《竞争论》是 2009 年中信出版社出版的图书。书中提出了一系列的问题：企业如何在特定领域内参与竞争、多业务实体的战略原则是什么、地区与国家如何竞争、地域如何在真正意义上影响到战略等内容。

销售商、用户等纳入了它的范畴①。创新意义上的知识的量增值与企业的知识增值中的量增值内在意义一致，都是在数量的意义上获得更多的知识。质增值是指个体增加的知识的质量比以前有所提高，表现为新增的知识使个体价值创造的效率比原先更高。事实上，质增值过程中也包含了个体知识数量的增加，只是我们更强调它所能够带来的个体内在知识质量的提高。相较于量增值而言，质增值在增值程度上更深一层。日本学者野中郁次郎②将有关知识创新对企业发展的作用理论概括为知识创新理论，并提出了关于"知识创造"的 SECI 模型的完整模型。

　　知识创新过程的本质在于知识增值，这里的知识增值过程更强调新知识的出现，是以显性知识为创新成果，以隐性知识为不断运动状态进行的。这一过程强调知识本身在主体之间传递和转化。团队内部知识转化除了隐性知识和显性知识的相互转化，同时也包含了个人知识资本和团队知识资本

---

　　①　参见迈克尔·波特《竞争论》［M］，中信出版社，2003 年版。

　　②　野中郁次郎（1935—　　），1958 年毕业于日本早稻田大学电机系，随后进入日本富士电机制造公司服务。之后他负笈美国加州大学伯克利分校深造，前后共花了 5 年半时间取得商管硕士与博士学位。他在 1995 年与同事竹内弘高（Hirotaka Takeuchi）出版的《创新求胜》（The Knowledge-Creating Company）一书，从柏拉图（Crater Plato）、笛卡尔（Rene Descartes）、博蓝尼（Michael Polanyi）的知识哲学谈起，融入日本企业的实务经验，建构一套系统性的知识管理理论，序言中说："在这本书里，我们把知识当成解释公司行为的基本单位。"后来经过发展成为 SECI 模型。

的相互转化以及团队内部和外界知识的交流和转化。

知识创新的本质：创新点的显现

创新点的显现过程，更多地涉及心理学的内容。在这个过程中，创新主体已获得的知识资本通过思维风格和人格特征等被进一步细化为想法。想法作为细微的碎片，是已知的最小单位，想法之间不断地进行碰撞，这种想法的相互作用是思维的融合与冲突，逐渐激发到某一程度，最终形成创新点。在不同条件影响下，创新主体对于已形成的一系列想法不断地进行删减、提炼、甚至变异，自身想法之间也在不停地相互作用。这种作用可以激发想法不断生成新的想法，也会使原始想法消失。这种相互作用使原来的想法网络不再稳定，一旦超出旧质相对稳定的关节点，便发生旧质向新质转变的飞跃，形成创新点。

一个出彩的想法可能是出现在原有知识架构的破碎之后，也可能出现在新知识结构构建之时，也有可能是一点一点地出现在眼前，合时合理，顺理成章。

创新点既可以通过个人的思考来产生，也可以通过集体讨论来产生。在一定知识积累的基础上进行个人思考，经历一个从艰苦思索到茅塞顿开的量变和质变交融渐进的过程。个人通过思考对于已形成的一系列想法不断进行删减、提炼甚至变异，自身想法之间也在不断相互作用。这种作用可以激发想法不断更新并导致原始想法消失。这种作用使原来的想法网络不再稳定，一旦超出旧质相对稳定的临界点，便发生旧质向新质转变的飞跃，形成创新点。集体讨论也是激发创新点的催化剂，讨论时各自阐述自己的观点，是想法之间相互作用最直接、传递速度最快的方式。创新主体之间彼此争论，在不停的辩论对峙中产生解决问题的方法和创新的火花，或者经过思维碰撞在交流瞬间产生共鸣。交流双方可以通过语言、表情及肢体动作等正确判断对方的想法，容易迸发出创新的灵感，可以说集体讨论这种方式对于激发创新点的产生更加有效。

图 1-5　想法激发创新点的过程

知识增值与创新点显现的关系

知识的增值过程和创新点的显现过程同是知识创新关注的重点。同时，创新点的显现过程是知识的增值过程的进一步抽象、细化的研究。知识的增值过程将知识作为研究的对象，将团队及其成员作为知识创新的载体进行研究。新的显性知识为知识创新的成果，隐性知识则是在一种状态变量、在个人和团队之间转化和传递。创新点的显现过程是人脑中的想法运动轨迹作为研究对象，分析想法在多种条件下不断受到激发，从而想法逐渐清晰，形成创新点，之后再由创新点转化为创新成果的动态过程①。

---

① 吴杨：《团队知识创新过程及其管理研究》，哈尔滨工业大学博士论文，2009 年。

第二章
颠覆性创新：可遇不可求的机缘

没有惊喜就没有科学。从这个角度看，科学家必须不断地寻找和期待惊喜。

——罗伯特·弗里德尔

我们深陷混沌之中不能自拔，在一台精密机器的控制下摸索前进，但是对这台机器工作的原理我们一无所知。

——凯恩斯

关于创新的内在发生机理无论是生物学还是心理学抑或是人脑科学都尚处于一个不清晰的阶段。创新在某种程度上来说总是不可预测的。一个想法或许经过千锤百炼，在与旧观念的冲突中，与敌对观念的矛盾中，在既定的条条框框下挣扎出来，也或许已经诞生就有了大致的模型和概念，但是它（想法）究竟能够走到哪一步，都是无法预料到的。

2.1　必要的张力：创新与维旧

谈到"创新"，我们总会想到突破、改变、替代这些具有激进色彩的词语，而一想到"维旧"，更多能联想到的词汇多是"墨守成规""因循守旧"这些"保守"的代名词。这样看来，创新与维旧似乎是一对矛盾，尖锐而不可调和。

但是我们就可以因此下判断说"创新"和"维旧"就是完全的对立面吗？

显然，新与旧并不是对与错、好与坏的代名词。巍巍而立的钢筋水泥的大厦与青瓦白墙四合院并没有什么可比的。流传千古的名画名作与后现代艺术的写实风格也并不冲突，没有一位受人敬仰的艺术大家会想抹杀掉前人的一切以借此开辟新的纪元。

但有时，新与旧又是相对的。历史的脚步总是匆匆，总有一些事物被遗留在历史的长河之中。消失似乎是一些事物必然的结局，第一次消失是在其失去自身的价值、切断与其他事物联系的时候，第二次消失是在它被彻底遗忘的时候。创新是人类的天性。而忆旧、赏旧也是人类的天性。通常人们有怀念故乡、怀念童年、怀念亲人的情结。许多人对于一些老歌、老的戏曲段子，都是百听不厌、百看不疲，乐在其中。其实大家早就熟悉剧情，所以并不是要欣赏新的情节和唱法，相反，有些人就是对老腔老调、一招一式十分欣赏。这和人的记忆、欣赏习惯以及心灵的共鸣有关。

在创新过程中，经验是十分重要的。小到生活小常识，中到仪器设备操作规程，"红灯停、绿灯行"等交通规则，大到如"水火无情""化工厂爆炸不能简单用水灭火"等老道理都是前人总结的经验。不重视这些老的经验就可能会造成重大事故。在许多工程或工艺中，规范是很严格的。例如，西藏唐卡画师手中都有一份世代相传的范本，须得遵循。这范本往往隐匿于密存的经典中，记载着至少八种成套的造像尺度，无论是姿态庄严的静相神佛，还是神情威猛的怒相神佛，所有的造像都有相应的比例。每一位画师都要背度量经，熟记佛像各个部位的比例关系，这都是很严格很严谨的。历经年代洗礼的旧物和规范是非常经典的，流传保护才应当是我们的态度。

从正式组织层面来说，有通过"新"模式获得成功的事例，有依靠"老"经营理念而成功的事例。一些企业坚持传统特色产品，坚持质量至上的理念而经久不衰，例如中国的同仁堂国药企业，"炮制虽繁必不敢减人工，品味虽贵必不敢减物力"，老配方、老工艺，更重要的是老字号诚信的无形资产焕发出勃勃生机。在城市建设过程中，有的城市大拆旧房，许多参天古树被砍伐，许多历史古迹被掩埋，也有一些城市有意识地保留了老城区的风貌，后来成为旅游观光的热点。站在更高的角度，从民族的兴衰来说，每一个民族都有自己的传统文化和道德理念。虽经历自然灾害的多次洗劫，但传统文化依然保留其固有的特色。优秀的中国传统文化必将推动和引领世界创新和社会发展的潮流。实然，变革的力量是强大的，创新的过程之中我们需要这种力量，但是我们谈及创新，考虑更多的不应该只是推翻前人搭建的大厦，我们允许优秀过往的经验存在，只是在时间的脚步上追求新的起点。

所以我们虽强调创新，但是不提倡创新脱离现实。在所有研究问题的过程中，我们总要考虑到，是不是所有旧的东西都必须放弃？我们是不是在令人炫目的新技术新方法新观念中，丢失了我们多年流传下来的传统精华？是不是急功近利的心态使我们忽略了赖以生存的最基本最宝贵的东西？无论是哪一种力量促使我们进行变革，但是总归都必须不忘初心。

图 2-1　创新中的思考

2.2　创新的耦合性：试错空间中演变

蒂姆·哈福德在《试错力》① 中提出，难以避免的失败是成功的创新必须要付出的代价，但在耦合体系中，一次失

————————

①　蒂姆·哈福德（Tim Harford）牛津大学布拉斯诺兹学院哲学、政治与经济学专业学士，经济学硕士。曾担任牛津大学纳菲尔德学院以及伦敦城市大学卡斯商学院访问学者。深受全球读者追捧的卧底经济学家，被誉为"幽默的生活经济学大师"。主笔的"亲爱的经济学家"专栏是《金融时报》关注度极高的专栏之一。书中说明伟大企业长盛不衰的秘密既不是利益驱动，也不是领导者高瞻远瞩，而是不断试错。《试错力》精选许多历史故事，剖析了众多自上而下的政策和制度失败的真相，提出机构和个人如何利用试错力，在物竞天择、适者生存的世界里，找到自己生存与发展的方向。

败会危及其余部分[①]。

耦合性也被称为耦合度，是对软件系统结构中模块间关联程度的一种度量。耦合有强弱之分。强弱程度取决于模块间接口的复杂性、调用模块的方式以及通过界面传送数据的多少。各模块间的耦合度是指模块之间控制、调用、数据传递的依赖关系。模块间联系越多，其耦合性越强。软件设计中通常用耦合度和内聚度作为衡量模块独立程度的标准。高内聚低耦合就是划分模块的一个准则。

创新在一定程度上其实是一种既复杂又耦合的体系。正如复杂且精密组合而成的仪器或是牵一发而动全身的组织机制一样，整个体系过程具有不可磨灭的标志性特点：一经启动便很难停止。想法最初产生，我们相信它便处于活跃状态，其活跃期有长有短，活跃程度有强有弱。正像密闭房间内一颗用力掷下的弹力球，不断地在各种反射物之间跳动弹射，间或打碎玻璃，又有时引起大的灾难，但谁又能说它不能破出窗外，得到另一种解放呢？

想法就像这一颗弹力满满的球，它在我们知识架构内部碰来碰去，撞出新的想法，打破原有结构，做到延展和拓宽。

进行创新的主体都拥有一定的原始创造力和知识的积累，

---

① 参见［美］蒂姆·哈福德著，冷迪译《试错力：创新如何从无到有》，浙江人民出版社2018年版。

具备多层次知识结构。这样，在一个由多样化创新元素构成的创新主体之中，其内部分子（即想法）可以不断地进行自组织，碰撞的强度越大、频率越高，越有可能产生出多个创新点。

在想法传递和转化的过程中，想法并不是一成不变的，而是阶段性变化的。有时异常活跃，有时需要经过一段时期的多个想法的积累和演化，或在某一时刻，想法之间相互作用产生顿悟而突变为创新点。想法间的相互运动轨迹以及由想法演化成的创新点，共同构成了想法网络。此网络的节点由想法和创新点构成，连线由想法的运动轨迹构成。当创新性思维足够活跃，想法本身拥有足够动力时，或受到外部激励时，则会产生多个与之相关联的想法，逐步形成了激活点，最后向创新点靠近。反之，最终想法将成为孤立点，在产生少数几个后续想法后很快结束。

在环境条件不足时，即使产生了某一创新点，如果产生的创新点动力不足，不足以继续产生想法，这时想法的可调动知识资本较低，一次创新点在某一短时间处于休眠状态，即终极创新点。继而成了终极创新点，这时的创新点在一段时间内不再产生想法。另外，需要进一步说明的是，每个想法都能传递给团队成员中除自己之外的任何人，并且创新过程中想法的认识明朗程度并不是单调的，而是波浪形的。也就是说，二次创新想法有可能比原始想法更加模糊不确定，甚至经过若干转化传递，原始想法被消磨殆尽，也就是原始想法经过若干次突变后形成的一系列创新，并不是原始想法的初衷和方向①。

以上为个体创新的内部活动的简略机制，我们可以看出，进行创新的一整个过程都是连续且并行的，其间想法与想法的碰撞反应具有更多的不确定性。毕竟创新主体的脑结构内部各维度知识面的平滑度或是知识面的广度并不像房间那样自由布置。

所以，在这一整个过程活动之中，我们更需要多加关注的就是如何确保"事件失败的独立性"。我们可以将创新从出生到结果的一整个过程分成阶段来看。每一次具有创新性质的节点都值得被保留，因为谁也不能准确预测出下一个想法来临时撞击的是创新个体原有知识结构中的哪一个想法节点。同时具有创新性的想法在产生之前不可避免的有一些过渡性质的看似毫无创新性质的想法产生。从这一整个过程来看，创新确实存在很大的偶然性，甚至是失败的可能性。但是我们将创新的过程分解来看，又似乎并不是每一部分都是无用功，我们需要的，可能更多的是多试几次的机会。需要能在这个过程中保留失败之前所得到的成果，保证一切的秩

---

① 吴杨：《团队知识创新过程及其管理研究》，哈尔滨工业大学博士论文，2009年。

序稳定不乱，这就是试错的空间。

2.3　创新的进化：规则的超越与重建

打破规则这件事，对人类来说，意味着转折与巨变。从人类发现"火"到"火"的应用这一整个过程，都是在打破原有认知的基础上而进行新事物的尝试的。人类早在50—60万年前开始使用火。火的应用对人类来说，是继石器制作之后，人类获取自由征途上又一件划时代的大事。火开创了人类进一步征服自然的新纪元，火的使用在人类征服自然界的过程中发挥着巨大的作用。

图 2-2　火种的产生

用火来帮助狩猎，火可用来加工武器和工具。借助火的使用，人们学会了在任何气候下生活，人类向过去未曾生活过的地区扩散。人类在长期用火的过程中，发现泥土经过焙烧后变得坚固而不透水，并且还可以依照人们的需要烧制成各种器皿，因而发明了陶器。陶器的制造成功，是人类在火的作用下，对于一种黏土这种物质的物理化学变化最早的有意义的运用。原始农业的发展与火的应用也是紧密联系在一起的。当时的农业十分粗放，然而"刀耕火种"，却对人们定居下来起到了很重要的作用。随着用火技术的提高，人们开始冶炼金属，使用青铜器。并且由于鼓风技术的诞生，人们进一步发明了生铁的冶炼。有了铜器和铁器后，大规模地砍伐森林、开垦荒地、发展农业和开发牧场成为可能。特别是近现代火器的发明更是人类历史发展的推动器。

库兹韦尔也同样认为进化是一个创造持续增长秩序模式的过程，而模式的发展构成了世界的最终形态。最为熟知的达尔文的进化论：生物是由低级向高级发展——物竞天择，适者生存都是在讲进化的过程中，每个阶段或纪元都是使用上个纪元使用的信息处理方法来创造下一个纪元。所以他从生物和技术两方面将进化的历史概念分为六个纪元：物理和化学纪元；生物与 DNA 纪元；大脑纪元；技术纪元；人类智能与人类技术的结合纪元；宇宙觉醒纪元。这符合地球的发展历史，从最初的物质、生物、技术到智能，最终智能将是宇宙中能量最大的体现。

　　这一整个过程都是不断地打破规则的过程。在此过程中，人类的意识和能动性发挥着重要的作用。是人类的意识和行为在不断地推动着事件的发生和历史的演进。可以说，社会进化的这条航海线上，人类是当之无愧的掌舵人。但是作为创新的主体，人类在打破规则的过程之中，会遇到许多障碍因素，只有弄清这些障碍因素，才能更好地采取更好的方法克服障碍，促成创新的进化。

图 2-3　人类的进化

　　从主体的角度看待创新的进化过程，可分为外部环境和个体突破两种关键要素。

　　环境是影响个体创新能力的一个重要的外部要素。创新过程是一个复杂的过程。通过学习，个体经过反复的体会、反思、解读和练习才能真正把团队或他人的知识转化为自己的知识。外部环境中营造的共同学习、取长补短、共同创新的文化氛围是实现成员之间竞争—合作并存的协同关系的重要路径，而形成的协同关系又是个体意识到学习与讨论的重要途径。团队间建立的团队及其成员共同的愿景，团队个体之间充足的了解，团队强力的集体凝聚力以及团队成员之间感情友好程度，都在显著的影响作为正式沟通和非正式的交流，也在进一步影响着各主体的创新意识、创新能力和创新行为的诞生。如若上级领导组的计划意图没有清晰地传达到基层工作，团队成员没有明确团队的任务或目标。成员之间相互了解程度有限，也不确定彼此对知识需求取向，成员间缺乏理解，甚至产生了误解和冲突，影响了集体凝聚力，这些不良的环境氛围都会成为将创造力产生的阻力。外部环境中，文化亦作用于个体的创新能力，创意活动有别于其他活动的主要之处在于：创意总是一个从无到有、从不成熟到成熟的过程。因而它就必然要经历十分脆弱的幼芽期，因此，其失败的危险性也最大。特别是当某些科学上的创意萌芽的真伪尚难被人辨识时，遭人践踏的可能性更大，不为创意提供良好的文化环境，必然会强烈抑制人的创造性思维，从而把许多珍贵的创意想法扼杀在摇篮中。一旦某个组织决定建立一种创新的文化或者加强其现有的创新文化，它就必须持续不断地鼓励和培养所支持创新的过程。

　　人的生理、心理、性格、思维等方面是个体创新能力的内部要素，也是个体限制的突破点。从个体的生理和心理层面上看，通常情况下，脑的供血量占到全身供血量的四分之一左右。当大脑处于高度紧张的状态时，就需要更多的血流量，以提供更多的氧气和养分，维持水平的能量代谢；这就难免产生疲劳、困乏、倦怠等不良症状。人的创造性思维活动，毕竟是人脑负荷重的一种精神活动。只有那些勤于思考者，才可能进入遐想的精神状态，也才可能产生较多的创意灵感，而这显然要消耗更多的能量。马克思说，"在科学的征途上是没有平坦大道的"。创造性思维活动本身就是一种探索过程，创新思维路上的死胡同比比皆是，同时创造性事物通常是违反常规、挑战权威的，也必定遭受他人非议和打击，这就难免会引起心理上的心灰意冷和焦躁不安，反射到肌体上便会引起精神不振与意志消沉，这对一个意志力不坚定、心理承受能力弱的人来说，此时便会很容易使创造性思考中断下来，很难达到最后的成功。

　　从个体性格层面上看，创造力是创新的结果和表现，除了要具有想象力之外，还需不同的性格特征。创意的思考则依赖于一个人处理问题、解决问题的能力，这两者在很大程度上依赖于个人自身的性格特征，个人不愿意与人沟通、交流思想，也很难面对挫折，甚至遇到问题不愿意去思考和探索，就很难针对问题提出新构想和更好的解决方案。

从个体思维层面看，思维方式比知识积累更能影响一个人的创造力。一些知识和经验较少的人，经常能有相当水平的创意成果，而那些学历很高知识渊博的人，有些却一生难有出众的成果，便清楚地说明了这个问题。个体的创造性思维不活跃，在遇到问题需待解决的时候，成员的创新思路较窄，发散性思维不够活跃，不能拓宽思路找到解决问题的新方法，使得个体创造力受到限制。另外，思维方式僵化比知识积累有限对于创造力形成来说更具障碍，思维方式死板就是把已掌握的知识看作是一成不变的东西。理性思维太强，容不得半点偏离已有知识体系逻辑框架，不仅对本人构成障碍，对他人也是障碍，一些在年轻时科学创造中颇有造就的学术大家，到了晚年却成了新思想的阻力。由于思维定式是一种普遍存在的障碍，人们都把克服思维定式看作开发创造力的重要途径。

再者，个体的创造力还依赖于个体的学习能力和知识储备。个人将其知识或经验用于所要解决问题的能力依赖于他的专业知识，如果个体接受和领悟新知识所需时间较长，学习新知识的方法不当，会造成学习和获得知识的能力不强，知识积累有限。个体的学习能力和知识消化能力对创新有着显著的影响。如果个体对于某领域较陌生，或没有较好的相关学科知识基础，必然导致知识结构不合理，因而认知结构发生自我重构的概率也低，知识创新能力则会较弱。同时，知识越少，思维空间就越不开阔，思路必然狭窄，联想力以及由此产生的想象力也差。

与此同时，人脑内发生的想象活动的实际过程，目前从生理层看还不甚清楚，这就给如何通过物质手段丰富人的想象力造成了困难。从心理层看，一般认为，创造性想象是对已存入脑内的认知表象进行加工、改造、重组而产生新形象的过程。[①]

总而言之，创新就是一个不断地打破原有规则的过程，这个"规则"可能是我们原有认知上的盲区，有可能是桎梏我们思考的栅栏，也有可能是我们固有的心理和思维定式。它扮演不同的角色出现在我们的世界中，有些被轻易察觉，有些需要别人提示，也有一些是经历过思考和尝试才会破开。

2.4　创新的突变：春光乍起

突变一词用来形容创新点的诞生最为精妙，生物学上讲基因突变，历史学上讲时局突变，哲学上唤作质变，但万变不离其中，若将突变的那一点当作一个门槛，创新也就是那

_____

① 吴杨：《团队知识创新过程及其管理研究》，哈尔滨工业大学博士论文，2009 年。

跨过去的一小步。这一步，我们可以将他看作为一个点，但是从其内部来看，其实又是无数点的整合，或可直言：创新是无数个想法和创新点的再发和集结。

法国数学家勒内·托姆将系统内部状态的整体性"突跃"称为突变，其特点是过程连续而结果不连续①。突变理论可以被用来认识和预测复杂的系统行为。自然界与社会现象中一般的不连续突变问题，都可归属于基本突变模型②所刻画。

"涨落导致有序"告诉人们系统中的任何一个元素都有可能随时发生变化，而且任一元素的微小变化都能使得整个系统中的其他元素发生变化，并最终形成一个新的相对稳定状态。在系统的自组织发展和演变过程中必然存在涨落，涨落是使系统由原来的均匀定态演变成耗散结构的最初驱动力，而巨大的涨落形成突变，突变使组织运作从一种动态有序状态变化到另一种动态有序状态。创新是从艰苦思索到茅塞顿开的量变和质变交融的动态过程，是一种顿悟的体现，也是知识从无序状态向有序状态的演化，当知识积蓄到某一临界

---

① 法国数学家勒内·托姆（René Thom, 1923—2002）于 1972 年发表的《结构稳定性和形态发生学》一书的问世作为突变理论诞生的标志。

② 尖点型突变（the cusp catastrophe）是较简单的且应用广泛的基本突变模型，它的势函数为 $V(x)=x^4+ux^2+vx$，平衡曲面 M 的方程为 $4x^3+2ux+v=0$，分歧集为 $8u^3+27v^2=0$，它由 $DV(x)=4x^3+2ux+v=0$，$D2V(x)=12x^2+2u=0$ 组成的方程组消去 x 得到。自然界与社会现象中一般的不连续突变问题，都可归属于基本突变模型所刻画，由其特定的几何形状表示，故探讨突变问题就必须按研究基本突变模型的几何形状。

点时，则发生突变。

创新系统总是处于不稳定状态，就是这种不稳定状态导致团队中知识的流动、团队中创新主体想法的激活以及创新点的产生。这是由于创新系统中知识在个人及团队之间不断运动，创新主体及主体间的想法及创新思维不断地相互作用和转换，使系统从一种稳定状态进入不稳定状态，随着参数的再变化，系统外部知识引起的负熵和系统内部知识引起的熵增，使不稳定状态进入另一种稳定状态，系统状态就在这一瞬间发生了突变。因此，创新具有突变特性。这种非预期的突变也是很难预测的，并具有很高的不确定性。所以，要对创新的动态和突发性顿悟进行控制是很难实现的。

想法是创新点的源泉，也是整个创新过程的开始，一个创造性的想法就是那种既独特又能适用于环境的想法，而创造性的成果总是由个人心理要素经过创新过程组合而成。好的想法可能来自个人的兴趣爱好，其他人或者事物的启发，外部需求的刺激，未来愿景的渴望，或是他人的创新成果，抑或是本身创新过程中的启发和体会。一些好的想法和创意可能在闲聊时产生，稍纵即逝。如何激发，如何捕捉，如何在某一临界点发生突变，产生创意灵感，付诸实施？有以下几个方面。

内在动机的产生

内在动机长期以来一直被认为是创造性人格最重要的特

质之一。内在动机不仅与创造性人格有关，与创造过程也存在着重要的关系。对某一事物或者研究领域如果很感兴趣，那就会多方寻求深入探索的机会。因为内在动机对奇特想法的激发是最好的驱动力。在很多时候，研究陷入困境时，甚至是无路可走时，最终能支撑创造者走出困境、迸发出无穷潜力和毅力的就是这内在的驱动力。发自于内在本质的想法比由外部触发而衍生的想法，要重要得多，受某种利益目标驱动而被动产生的创意和由发自内心的热情与执着激发出来的创意产生的效果是大相径庭的。那种发自内心的兴趣与创意的热情是人最深层的渴望，渴望突破、渴望挑战、渴望成功，而由此爆发出的创意思考是对自我和工作能力的挑战与肯定，而不是因外在压力而不得以为之的被动应付。

学会观察生活，观察细节

庞加莱①认为，"创造就是把那些有用的相关联的因素用新的结合方式联系到一起，创造性的想法向我们揭示了那些众所周知的却被错误地认为相互无关的事实之间有意想不到

---

① 亨利·庞加莱（Jules Henri Poincare，1854 年 4 月 29 日—1912 年 7 月 17 日），法国数学家、天体力学家、数学物理学家、科学哲学家。庞加莱的研究涉及数论、代数学、几何学、拓扑学、天体力学、数学物理、多复变函数论、科学哲学等许多领域。其一生发表的科学论文约 500 篇，科学著作约 30 部，几乎涉及数学的所有领域以及理论物理、天体物理等的许多重要领域。被罗素称为是 21 世纪初法兰西最伟大的人物。

的联系"①。从细致的观察中，我们也能发现原本被我们忽略的联系，而这些往往都是创造性想法的起源。科技人员制造机器，迈克科马克发明收割机的灵感来源于谷物像头发，他观察到，剪刀可以剪头发，就应该有类似剪刀的东西可以割谷子。凯库勒因为梦到蛇咬着自己的尾巴而发现了苯环②。

善于捕获灵感，不断记录

所谓灵感就是指具有创造性思维的主体通过亲身的感受，直观的体验而闪现出的智慧之光，它能够对事物或问题的本质，有一种假设性的觉察和敏感。灵感实际上也是人们思想集中、情绪高涨而突然表现出来的创造能力。许多突破性的灵感创造不是发生在紧张的工作时间，而是在比较放松的

---

① 于珊珊、李宏、常丽：《信息暴露对创造力影响的研究综述》，《科技信息》2012 年第 33 期，第 224—225 页。

② 凯库勒，德国有机化学家。主要研究有机化合物的结构理论。他早年受到建筑师的训练，具有一定的形象思维能力，他善于运用模型方法，把化合物的性能与结构联系起来。他曾记载道："我坐下来写我的教科书，但工作没有进展；我的思想开小差了。我把椅子转向炉火，打起瞌睡来了。原子又在我眼前跳跃起蛇咬尾状来，这时较小的基团谦逊地退到后面。我的思想因这类幻觉的不断出现变得更敏锐了，现在能分辨出多种形状的大结构，也能分辨出有时紧密地靠近在一起的长行分子，它围绕、旋转，像蛇一样地动着。看！那是什么？有一条蛇咬住了自己的尾巴，这个形状虚幻地在我的眼前旋转着。"于是，凯库勒首次满意地写出了苯的结构式。指出芳香族化合物的结构含有封闭的碳原子环，它不同于具有开链结构的脂肪族化合物。

"八小时"之外。例如，德国化学家凯库勒对苯分子结构式的发现，就是在半睡眠状态获得的，而日本诺贝尔奖获得者汤川秀树对介于理论的创立，则是在一个风雨交加的夜晚，躺在被窝里产生的。据日本一家创造力研究所对 800 多名日本发明家进行的调查统计，有 52% 的人曾在枕头上产生过灵感，45% 的人在乘车中产生过灵感，46% 的人在步行中产生过灵感，而在工作单位产生过灵感的只有 21%。要善于抓住这轻松的状态产生的灵感。

科学和艺术灵感间在形式上的相似反映在关于创造性灵感的自我描述，无论是科学家还是艺术家，他们的新奇想法大都不是来自理性的推理。盖斯林通过研究总结出"仅仅通过一系列单纯而机械的计算来产生灵感几乎是不可能的"，除了非智力这一特点以外，创造力还被认为是自动的。例如，作曲对于莫扎特来说非常容易，因为他只是把在脑海里"听到"的旋律记录下来。文学著作也一样，大多数作家也是通过记录脑海中可听见的声音或者描述脑海中视觉的心智图像来创作的。虽然科学家是与抽象的概念打交道，但他们的创造性观念常常发自自己的灵感，并在之后不断的记录。灵感需要知识的积累，但也是灵光一现的瞬间，这些都是可遇不可求的。所以要及时记录这些灵光一现的想法，这是形成创意和创新点的源泉，如达尔文的进化论，就是其在不同时期不同学科领域跨越融合时所产生想法和灵感积累而生。

图2-4 思考中的达尔文

斯腾伯格[①]在《创造力》一书中阐述了达尔文详细地记载动物学、地质学和其他方面的过程。他的研究领域的发展经过都体现在他所保存的各个笔记本中。图2-5清楚地说明了，达尔文从1836年开始写那个红皮的笔记本。这个本子中主要包括地质学的笔记，但也包括关于进化的早期想法。到1837年，达尔文开始用另一个单独的笔记本（笔记本A）完全是写地质学的；他开始用笔记本B，首次记载物种演变；

———————

① 罗伯特·J·斯腾博格是耶鲁大学心理学和教育学的IBM教授，美国艺术和科学研究院研究员，曾担任美国心理学会普通心理学和教育心理学分部主任。他的工作曾获得APA的早期职业和麦克肯德丽思奖。美国教育研究博会的研究评论、优秀著稿人和西尔维亚·思克拉伯纳奖。他的新著有《丘比特之箭：透过实践和思维方式看的历程》和《智力、遗传和环境》。

当笔记本 B 用完后，达尔文开始用笔记本 C 继续写物种的演变，同时开始写有关进化的想法。当这个笔记本也用完后，又开始用笔记本 D 继续关于演化的记录，并在同一天开始用笔记本 M 和 N，这两个本子涉及人类的进化，如情绪表达的进化和智人与其他动物之间的一致性。图 2-5 展示了这种分支情况和达尔文同时从事各种领域研究的情况。①

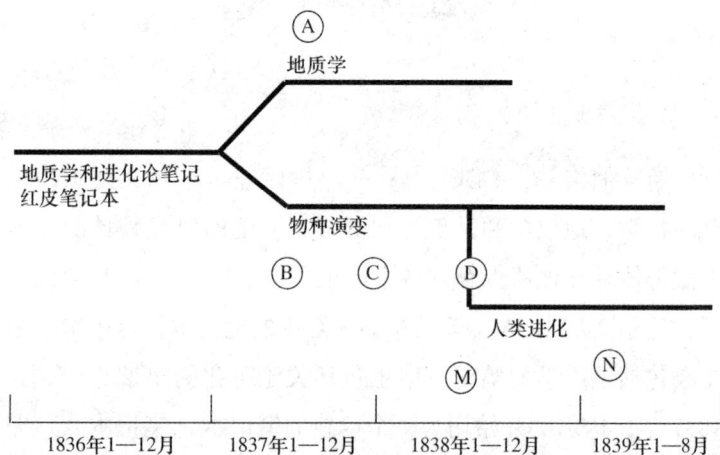

图 2-5　1836—1839 年间达尔文研究体系的演化

---

① 参见［美］罗柏特·J·斯腾博格著，施建农等译：《创造力手册》，北京理工大学出版社 2005 年版。

激发想象力，挖掘潜意识，经常处于"头脑风暴"中

爱因斯坦就认为："想象力比知识更重要，因为知识是有限的，而想象力概括着世界上的一切，推动着进步，并且是知识进化的真正源泉。"创造性思维能力是创造力形成的核心，想象力则是其创造性思维能力的核心。要注意丰富和培养自己的想象能力，想象力的这种能动性和主动性，可以让我们的思想超越现实，构造出现实世界尚不存在并或许对我们有用的任何事物。人一旦失去了想象力，人的创造力也就随之枯竭了。激发想象力不能异想天开，要站在巨人的肩膀上，在前人奋斗的基础上，结合根本性问题激发自身的想象力。

弗洛伊德的潜意识学说认为，人的意识分为两种，即可控的显意识和不可控的潜意识。前一种不过是后一种的外壳，就好像压在熔岩上的火山外壳一样。在可控的显意识世界中，逻辑与秩序占统治地位，不允许从潜意识中涌出的本能、欲望和需要进入显意识世界。在不可控的潜意识世界中，非逻辑与混乱占统治地位，经常有一种破坏性的力量在肆虐，有时会跃入显意识世界，而让人感到失常。但是，潜意识的涌出，一旦被显意识的秩序所同化，就会丰富显意识世界，这就是创造。因此，奥斯本认为，创造活动的心理惰性就是主宰显意识世界的秩序造成的。我们要挖掘各种潜意识跃入显意识世界。有用的信息总是在与你不相关的人那里，让自己经常处于"头脑风暴"中，在思考中，在和他人的争论中，在和他人的交谈中开发自己的潜意识。

进行想法的筛选要遵循一定的原则。不是所有产生的想法都能形成创意，特别是具有执行力的创意。我们要通过对比进行选择。有时根据任务需要，有时要根据想法的执行性，有时要根据情况的变化，总之，根据不同的标准和环境，对我们大脑中所产生、而后续及时被我们记录的想法进行筛选，太多的想法会影响我们对创意的判断，尤其是太多无用的想法更是会扰乱我们创意的生成。连续的想法或不同时间段产生的想法能彼此关联，相互作用，彼此相互印证和启迪，才能为后续的创意提高充足的动力和原材料。

关于一个问题，我们经常出现很多想法，有些想法前后联系、互相作用后最终形成创意，有些想法产生后由于没有后续想法进行作用或者联系，逐渐被人淡忘，最终成为"休眠点"①。这些被我们淡忘的休眠点，并不是创意主体刻意遗忘，是随着时间的流逝，没有其他想法进行后续作用，自然而然将被孤立和淡忘，这是众多想法的自生自灭的规律。

---

① 吴杨：《团队知识创新过程及其管理研究》，哈尔滨工业大学博士论文，2009 年。

第二篇

知识创新：复杂的游戏

第三章
知识创新主体的行动逻辑

科学家不是依赖于个人的思想，而是综合了几千人的智慧，所有的人想一个问题，并且每人做它的部分工作，添加到正建立起来的伟大知识大厦之中。

——卢瑟福

现实是此岸，理想是彼岸，中间隔着湍急的河流，行动则是架在川上的桥梁。

——克雷洛夫

知识的载体是人，知识创新过程的主体也是具有创造力的团队成员，团队的丰富性在于团队是由不同个体组成的，每一个体都有强大的能动性和逻辑性，成员之间彼此组成知识网络，为知识创新源源不断地输送能量。影响知识创新过程有很多因素，主要是人本身的作用，通过对知识创新主体的行动逻辑展开详细描述与分析，可以初步了解到创新团队主体其实是一个基于个体行动逻辑的具有高度复杂性的社会群体组织。个体行动逻辑的发展与转型是纵贯一生的艰难漫长、充满挑战的前行之路。

3.1　主体的多样构成

尽管一直强调一个团队的共同文化，但是合作的创新来自相互补充的个人之间的差异性，而不是他们的同一性。知识创新团队是具有特殊性的群体，其成员都是由专家、学者、教师和研究生组成的，这些拥有高学历的团队成员大都来自不同的学科背景和学习经历。这些知识成员或是愿意与人合作，或是自主创新意识较强。他们来源的自由度较大，需求多元化和个性化。由于知识成员的受教育程度、工作性质、工作方法和工作环境等与众不同，使其形成了独特的思维方式、情感表达和心理需求。

知识创新主体的角色设计人既是知识创新的主体，又是知识的载体，这就决定了团队获取竞争优势的必然途径是获取人力资源优势和人力资源整合过程优势。在能够完成任务的前提下应该使用最少的人数。虽然没有最理想的团队规模，但可以根据团队具体任务要求来确定团队成员人数，相比之下，规模较小的团队运作会更好一些，团队规模的扩大，影响成员之间知识、技能、经验的分享以及潜力的发挥。创新团队中不仅仅有知识工作者，还有多种角色的配置，为团队挑选队员时，应该确保其多样化，并能满足各种不同的角色，以便保证今后的相互协同性。团队应存在九种潜在的团队角色，如图 3-1 所示。成功的工作团队需要队员扮演所有这些角色，并根据人们的技能和偏好来选拔队员扮演这些角色（在很多团队中，个体会同时扮演多种角色）。管理者需要了解个体的优势（也就是每个人可以为团队带来什么），根据他们的内在优势选择员工，并恰当分配工作任务以符合创新主体的偏好风格。通过使个人偏好与团队的角色要求相匹配，管理者可以提高团队成员共同工作的可能性。控制者：将目标分类，进行角色、职责与义务分类；塑造者：寻求讨论方式，促使团队达成一致并作出决策；培养者：提出进一步的建议及新思想，洞察行为过程；评估者：分析复杂问题与看法，评估他人贡献；执行者：将思想和语言转化为实践行动；团队员工：给予别人支持与帮助；调查者：引进外界信息资源；完成者：强调任务的时间并完成。有效的团队要保证所有角色都有人担当，但创新主体可能不止一个角色。[①]

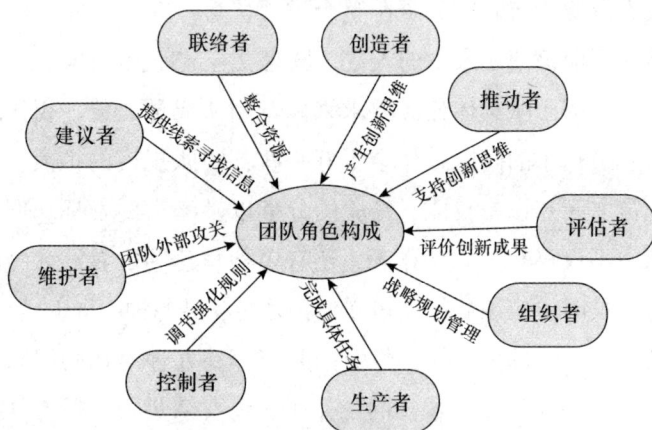

图 3-1　知识创新主体角色设定

　　成员构成多样性程度可以从团队成员的分布情况来刻画。如果团队成员来源的分布比较分散，则说明成员选择范围越大，其构成多样性程度就越大。以图 3-2 为例，团队 B 比团

　　① 吴杨：《团队知识创新过程及其管理研究》，哈尔滨工业大学博士论文，2009 年。

队 C 的分散范围宽, 即团队 B 的成员来源的分散程度比团队 C 的强, 由此可以认为团队 B 相对于团队 C 成员构成多样性程度要大。另外, 团队成员来源的分布不一定像团队 A 那样近似于对称分布, 更多的分布曲线是有偏的, 如同团队 C 所示。团队成员组成的多样性程度将对知识创新过程产生影响, 主要体现在扩大个人知识和共享隐性知识方面。自由性程度的提高将有助于提高扩大个人知识和共享隐性知识的效率。[①]

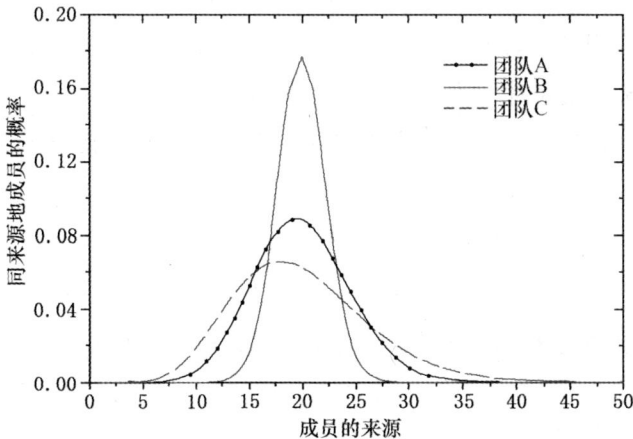

图 3-2 团队成员的来源分布示意图

团队成员组成的多样化程度将对知识创新的过程产生影响，主要体现在扩大个人知识和共享隐性知识方面。多样化程度的提高将有助于提高扩大个人知识和共享隐性知识的效率。

3.2　主体的禀赋

知识创新的主体具有能动性，这种能动性为知识创新提供了充足的条件，我们称之为主体的禀赋。

知识创新主体必然存在某种或某些联系，在此基础上，主体根据自身条件，产生互动和反应，进入知识创新的酝酿过程。首先，主体在自身意识的驱动下，对其他感兴趣的事物深入观察，针对不明白的地方向相关主体提出问题，每一次盲点的突破，都是对自身已存知识的触发和冲击，为知识创新埋下了火种。之后，主体之间建立交际关系，开始知识创新。

主体禀赋之一——联系。知识创新主体在专业知识、关注领域、技术方法、研究深度等多个方面存在差异，团队成员之间也不可避免地存在着知识非对称的情况，如同一团队里相同研究方向的两位不同成员，可能其中一位成员对某一技术方法更擅长，另一位对基础理论研究更深入，但可以确定的是，他们之间存在一种或多种联系，而正是这些联系，为知识创新提供了条件。知识创新团队的形成是由主体成员及其之间的各种复杂关系形成，关系网络的建立基于主体技能——联系。最简单最直接的联系是两个个体成员之间建立联系，以此类推，联系不断深入和复杂，最后，每个个体成员都会和某个其他成员或某些成员之间存在或者建立联系。

图 3-3　在观察中创新

主体禀赋之二——观察。团队成员之间、成员与其他组织之间的知识非对称角色，大大激发了成员的求知欲。任何新鲜事物都是吸引人眼球的，在知识创新中，这种差异显得尤为重要。它可以助力团队内部完善知识结构，可以推动知识的增长与共享。此时，成员会对新知识投入细致的观察，进行详尽的思考。观察基础上，成员之间彼此形成强大双向吸引磁场，放大知识创新的张力。团队知识创新存在并得以运行的重要依据在于单一主体成员无法完成其既定的知识创新目标，需要向其他主体成员寻求知识资源及其知识资源利用方式才能实现自身的知识创新目标，而这种寻求最常见也最有效的方法之一就是观察。观察为主体提供了创新的冲击波。

图 3-4　不断提出问题中的创新

　　主体禀赋之三——发问。当知识寻求主体为了实现自身的知识创新目标而要求其他主体为其知识创新成果提供知识资源的时候，该主体成为知识创新的追随者。他们对自己创新所需的知识资源和内容有一个较为明确的目标和规划。因此他们会对拥有其所需知识的主体展开咨询。拥有知识的一方通过深入的思考和多次的实验，回答知识追随者的问题。实现知识的嵌入和知识的应用，为知识追溯者答疑解惑。发问是知识追随主体的重要技能，通过发问才能有针对性地获取知识，实现知识的融合与迭代。这是知识创新最直接的敲门砖。

主体禀赋之四——交际。当确定其他主体的知识储备可以激发自己知识创新时，主体会主动建立交际，增加交流的频次和效果。同时当从一个主体成员那里得不到令自身满意的知识成分，主体也会相应地扩大知识资源的选择范围，扩大交际圈，以求挖掘更多更完备的知识资源。在彼此信任的前提下，主体之间交际关系不断得以扩大和完善，主体成员之间就可能建立知识寻求和知识贡献关系以及潜在的知识供应—知识需求关系。在交际的过程中，成员之间分享彼此的经验，促进知识的嵌入与融合，达成情感的交流与共鸣，在彼此分享的过程中，会逐渐形成共同的知识经验范畴和默契的知识创新理念，强化彼此的信任，这些强化的信任必然扩大个体成员的圈子，在知识创新过程中，知识拥有者和知识追随者并不是完全固定的，他们的角色可以趋同甚至可以互换。即在交际过程中，一系列的知识创新活动相应产生，任何曾经的知识拥有者都可能成为知识追随者，知识追随者也可能成为知识创新引领人，这主要源于成员独立的知识创新思想和知识创新引领精神，最终，知识创新活动会在交际活动中不断更新着复杂的主体网络。任何团队知识创新活动中，个体成员的知识创新角色是在不断变换不断迭代的，因为知识寻求和知识贡献的关系也在不断更新，因此成员之间知识创新的温床正是一个个交际圈组成的合集。

3.3　主体的知识构建与增值

主体知识获取的门槛

团队成员的主要价值在于拥有知识资本和知识创新能力，知识的陈旧和老化也就降低了成员知识创新的能力和动力，因而为了不断地进行知识创新，成员首先要扩大自身知识的强烈欲望。在扩大个人知识的时候，知识获取是其基础工作。从知识创新的目标来看，获取的知识量达到一定的程度才能进行知识创新。即获取的知识相对于知识创新存在门槛现象。因此有必要分析一下知识获取门槛的情况。假设获取知识的门槛高度正比于当前知识能力，同时知识能力看作已经达到的获取知识门槛。这样面对不同的知识门槛，对于获取知识所需要的时间将会有所影响。以图 3-5 为例，给定两种知识门槛 A 和 B，A 的知识门槛间隔比较大，B 的知识门槛间隔比较小，随着时间的推移，A 相对于 B 所花费的时间越来越大，即知识获取代价越来越大。知识门槛的间隔大小，主要是由可获取知识本身的间隔大小来确定。

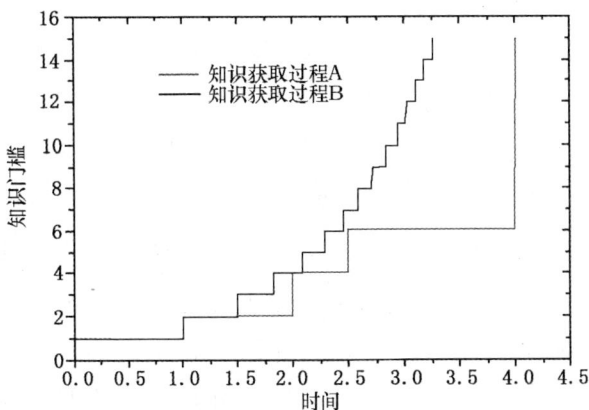

图 3-5 知识获取的门槛现象

当公共知识本身数量较大时，相同知识门槛间隔中分布知识点就增加了很多，相对的知识门槛就降低了。另外一个因素就是，公共知识本身的相对知识门槛一定，使用者能否及时地获取对应知识门槛的知识量，也就是公共知识获取时间的问题。这两个因素将综合影响着知识获取代价。知识门槛的间隔大小，主要是由可获取知识本身的间隔大小来确定。当公共知识本身数量较大时，相同知识门槛间隔中分布知识点就增加了很多，相对的相同知识门槛就降低了。

主体知识构建的自主性

知识创新的力量源泉来自于成员深厚的知识构建。库柏认为："知识型员工之所以重要，并不是因为他们已经掌握了某些秘密知识，而是因为他们具有不断构建有用知识的能力"。成员在知识创新过程中往往能够打破思维定式，运用新的思路和办法创造性地对问题进行解决。通常能够在易变和不完全确定的系统中充分发挥个人的创造资质和灵感，进行新知识的构建活动。团队成员拥有较强的独立自主性。他们从事的多是以自主知识为基础的创造性活动，复杂的思维过程使他们的工作不易受时间和空间的限制，也难以确定清晰的工作流程，因而在组织中有很强的独立性和自主性。表现在工作场所、工作时间方面的灵活性要求以及宽松的组织气氛，他们倾向于拥有宽松的、灵活的、高度民主的、高度自主的工作环境，注重知识构建过程的自我引导和自我管理，而不愿意受制于固定的工作时间和地点。

主体知识增值的内部动机

著名学者杜威曾说过："能够培养的态度中，继续学习的渴望是最重要的。"仔细推敲，这里的渴望就是指"动机"。知识增值最根本的驱动力，在于主体自我实现的动机，在成员的动机结构中内部动机比重大于外部动机。从事知识创新的成员大多数受过系统的高等教育，掌握一定的专业知识和技能，他们希望学有所用，渴望多年的学习经验与知识技能能够发挥出更大的价值。他们热衷于具有挑战性、创造性的任务，这些任务能够激发他们的学习和自我实现的热情；他们追求完美的结果，渴望在工作中展现个人的才能，有强烈的创新欲望和敏锐的洞察力，因此他们能够不惧艰难险阻，突破一个又一个知识壁垒，一步步接近自己的目标。他们通常具有较高的需求层次，更渴望看到工作的成果，认为成果的质量才是工作效率和能力的证明。他们注重他人、组织及社会的评价，强烈希望得到社会的认可和尊重，往往更注重自身价值的实现的内部动机。正是这种内部动机不断驱动着知识创新主体，去汲取新的知识，获取新的技术，实现新的目标，使知识增值过程得以持续进行。

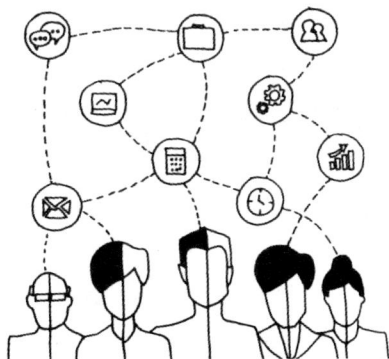

图 3-6　内部动机驱动的知识增值

第四章
创新主体间的关联与冲突

"仅凭一己之力，没有他人的想法和经验刺激，即便做得再好，也是微不足道，单调无聊。"

——爱因斯坦

人们在一起可以做出单独一个人所不能做出的事业；智慧+力量结合在一起，几乎是万能的。

——韦伯斯特

主体系统外部的结构性关联是指任一组织性主体或是单一主体之间的沟通方式和行为方式存在一定程度上有迹可循的规律性的关联①。这些规律进行叠加和重复后呈现网络状，把网络结构进行分解和细化分析又会提炼出很强结构性②。产生结构性这一重要特征的首要前提是关联，即链接的产生。而关联的首要特征就是普遍性，这又直接构成了关联结构性的普遍性。

4.1　主体系统的外部关联

关联无处不在。关联具有普遍性③。整个宇宙大到天体、星系，小到细胞、原子，或是生物群落、人际关系、社会关系，无不是处于相互关联之中，所谓的关联是计算机网络链接

① Sun X., Kaur J., Milojevi S., et al. Social dynamics of science [J]. Scientific Reports, 2013, 3 (1): 1069-1069.

② Andrew C. I., Adva D. Knowledge management processes and in-ternational joint ventures [J]. Organization Science, 1998, 9 (4): 454-468.

③ Davenport T. H., Klahr P. Managing customer support knowledge [J]. California Management Review, 1998, 40 (3): 195-208.

的泛化，它不一定是用电线或是网线相连，而是通过万有引力、弱力、弱电、量子纠缠、弱关系、弱键、化学反应、人际来往等来建立链接，同时这个关联有可能是双向的，也有可能是单向的，极个别也可能是断链的①。例如 FACEBOOK 的互动是双向关联，比如微博的单向关注是单向关联，再如专业涉密公司的物理网络隔离，但只是这个层面的意义，因为其内部依然存在关联。以上解释意味着个世界已经基本不存在完全独立的"孤独者"了，因此关联无处不在。关联是无尺度的，这是造成网络在故障时应上的自组织性与外方攻击的脆弱性并存的重要原因。分布式的网络一般应对内部小节点故障基本上是免疫的，它们可以改变路径或适当增加跳数②来

---

① Romer P. M. Increasing returns and long－run growth［J］. Journal of Political Economy, 1986, 94（5）: 1002-1037.

② 跳数实际上是一个数值（振幅）。简单地说就是指一个数（空间）可以被等分成多少个另一个数（相互隔离的或抽象的或连续的空间）的值。因为跳是需要能量的给人以充满力量的摆脱束缚跨越障碍的感觉（当然干任何事情都是需要转化能量的，除非你变成空间，那么能量就不再运动，能量就变成最原始的状态），把一个数等分仍然是需要转化能量的，跳得高矮、远近受转化能量的大小控制，等份的多少也受转化能量多少的支配，能量是最具有惰性的一种物质，他有想静止不动的特性（这是由于空间这种物质都是挤压在一起的，无法动弹），也就是说无限趋向于静止，所以有把一切拉回到静止状态的趋势，为了跨越并摆脱这种障碍所需要转化的能量的大小可以与任意维数上的空间中的位置建立一一对应的关系。也就是说为了克服无限大无限小的空间的阻碍需要暂时用能量把他挤开，以获得通过或占据他们的位置。这就是为什么数列、矩阵和维度空间都无限趋向或远离某一点的原因，也就是从什么地方开始在什么地方结束的问题。但是空间的分布按照需要并不是连续的，所以需要计算"跳"到另一个空间位置上去所需要的能量的一种计量单位。

完善信息流转，而外在的刻意的针对枢纽节点的攻击可能会致使多个枢纽节点被断链，整个系统就有可能崩溃。1965 年美国东海岸的大停电、1998 年东南亚金融海啸、癌细胞扩散与治疗、中东地区颜色革命与社会动荡都验证了上述观点。节点关联钟情于趋同与偏好，比如青蛙的叫声一开始可能听起来乱呱呱，但是时间一久青蛙们就会协奏到一起；还有礼堂的掌声，一旦鼓掌时间稍长就会形成一个节奏；再如一起散步，时间久了步幅步频左右脚顺序就一致了；又如心脏起搏细胞共振、同宿舍女性生理期共时，这是趋同。偏好就是像马太效应里讲的越富有的人会越富有，例如微博的关注数，一旦关注数超过 1000 人，此时偏好依附现象就会出现，选择关注的原因开始变得复杂，会出现"随大流"的情况，其中被关注数多的人就是重要的枢纽节点，因为你通过他或她可能经两个跳数就能与其他网友建立密切联系。

图 4-1 建立关联

知识创新主体本身存在系统性，整体系统可以划分为若干个如辨别、学习、接收、转化、传送、交互、革新以及再次循环反复的组成部分。知识创新过程的整个环节本身就是一个系统工程，在这一系列循环反复的过程中，每一个环节紧紧相扣，协调配合，彼此相互依存又相互制约着，也就是说在知识创新的运动过程中受到着来自多方面条件的制约，具有系统的复杂性。从结构性而言，在知识创新活动中，知识创新主体是一个开放、动态的系统，无论是旧知识向新知识的演化还是知识要素的新组合及其首次应用都是远离平衡有序结构形成的过程①。可以说，知识创新系统的要素及要素间的互动形成了知识创新过程。20世纪70年代，美国学者 Nelson 和 Winter 在生物进化理论的启示和借鉴下，创立了创新的演化经济理论，引发了从系统总体的视角剖析创新过程，系统论是科学家贝塔朗菲②强调任何系统都是一个有机的整体，它不是各个部分的机械组合或简单相加，系统的整体功能是各要素在孤立状态下所没有的性质。他用亚里斯多

① Konno T. Network effect of knowledge spillover: Scale‐free net‐works stimulate R&D activities and accelerate economic growth ［J］. PhysicaA: Statistical Mechanics and its Applications, 2016, 458: 157−167.

② ［美］贝塔朗菲（Bertalanffy, Ludwig von, 1901～1972），美籍奥地利生物学家，一般系统论和理论生物学创始人，50年代提出抗体系统论以及生物学和物理学中的系统论，并倡导系统、整体和计算机数学建模方法和把生物看作开放系统研究的概念，奠基了生态系统、器官系统等层次的系统生物学研究。

德的"整体大于部分之和"的名言来说明系统的整体性，反对那种认为要素性能好则整体性能一定好、以局部说明整体的机械论的观点；系统中各要素不是孤立地存在着，每个要素在系统中都处于一定的位置上，起着特定的作用，要素之间相互关联构成了一个不可分割的整体。要素是整体中的要素，如果将要素从系统整体中割离出来，它将失去要素的作用。正像手是人体的重要器官，手的精细化操作能力是人类进化的重要标志，一旦将手从人体砍下来，它将不再拥有任何功能，因为手功能实现需要多个器官的配合。系统是由若干相互联系、相互作用的要素组成的，具有特定结构和功能的有机整体，是自然界物质存在的普遍形式，系统的整体具有各组成部分在孤立状态时没有的功能，其中结构是功能的基础，功能是结构的表现。任何系统都处在一定的环境之中，整体功能的最佳，离不开内部结构的优化及其与外部环境的信息交流。①②

----

① ［美］克莱顿·克里斯坦森著，胡建桥译：《创新者的窘境》，中信出版社2014年版。

② 克莱顿·克里斯坦森（Clayton M. Christensen），教授，出生于美国盐湖城，1975年在杨百翰大学以优异表现获得经济学荣誉学士，1979年在哈佛商学院以优异成绩获得MBA学位，1992年重返哈佛商学院获得DBA学位之后并任哈佛商学院教授，任职于哈佛商学院总经理及技术与运营管理部1995年度麦肯锡奖得主。克里斯坦森是"颠覆性技术"这一理念的首创者。他的研究和教学领域集中在新产品和技术开发管理以及如何为新技术开拓市场等方面。代表作为《创新者的窘境》和《创新者的解答》。

图 4-2　无尺度网络中的枢纽节点

　　同质主体和异质主体间关联的结构性无处不在。有关联就有结构性，结构性关联具有普遍性。白宫里的高级官员们可能互相都不认识，但是她们可能都认识奥巴马、米歇尔和约翰·凯利，奥巴马、米歇尔和约翰·凯利就是枢纽节点。这其中值得关注的是节点数越多、可关联性越强①，2002 年前后的万维网是十九度分隔，就是链接在万维网的上网页与网上任何一个网页建立联系平均只需要十九次转接。在人际关系方面，有一个著名的"六度分隔"理论，意思是随着信息化程度提高，地球上任何人与人之间平均间隔是 5.5 跳，根据这一理论每个个体经过 5 个半人都能与特朗普女儿建立联系。据生物学家研究，人体内细胞组织网络仅是三度分隔，

----

　　① Barabási A., Albert R. Emergence of scaling in random networks [J]. Science, 1999, 286 (5439)：509-512.

可见人体内部的关联多么紧密而复杂。无论几度分隔，所有无尺度网络都遵循节点链接度的幂律规则（类似二八定律与长尾），而不是钟形曲线。[①] 因而主体间构成的外部系统也存在结构性关联。结构性分裂无处不在。世界是链接的，万物是网络化的，但这个网络中又相对存在模块化或小圈子，这也是解释系统多任务并行的理由。各个网络一般都会相对分列成四块大陆，第一块的节点之间互相无障碍双向链接，但是第二块、第三块的节点与第一块节点单向链接就是有去无回。例如在食物链中只有猎豹吃羚羊，但不会反过来羚羊吃猎豹。第四块就是一些在这个网络意义上是孤立的节点，它们虽然与网络中的节点同质化特点，但不与其它节点直接相连，它们自己互相链接组成小系统[②]。

4.2　跨域主体间的合作模式

"跨域"顾名思义就是将处于不同行业、不同领域的企

①　[美] 克莱顿·克里斯坦森著，胡建桥译：《创新者的解答》，中信出版社 2014 年版。

②　Chesbrough H. Open innovation: the new imperative for creating and profiting for technology [J]. Harvard Business School Press, Cambridge, MA, 2003.

业通过同一商业项目、同样的目标受众群体联系在一起，以资源互换、整合、捆绑等作为主要合作模式，实现取长补短，利用各自优势进行互惠战略合作。跨域主体间的合作过程中，由于目标的相似性，合作双方都可以搭乘彼此的优势快车，迅速提高自己的工作效率；同时相对于较为传统行业的主体来说，也可以利用新兴行业的时尚之风以及新锐主体的力量，给自己的发展之路注入新鲜血液。两类不同领域里相互协同可以达到比各自为政更为良好的效果。有策略的群力之战要比单打独斗的赢面大得多。但在以往概念中，隔行如隔山，不同领域、不同行业的主体基本上不存在合作的可能性。然而随着大数据时代的到来，从炙手可热的 Uber 到传统巨头可口可乐公司，再到互联网巨头腾讯旗下的滴滴打车，异业合作、"跨界"越来越成为攻城略地的利器，许多企业趋之若鹜的跨界合作是否真能稳操胜券实现效果翻倍仍然有待考究。

从时空概念上讲，跨域主体间的合作可以理解为跨地域、时间、空间的相似或异质主体之间的合作，也可以理解为政府为主逐渐转向公共、私人和非营利共同参与的合作治理模式。从学科视角来看，跨域主体协作时往往会涉及诸多学科，如管理学、经济学、心理学、社会学。从学术研究层面精确来看，"跨域主体间的合作"的相关研究多集中在公共管理领域跨域，且研究范围往往集中于社会治理方面的府际合作，环境治理和流域治理这两大主题的研究是该研究领域的热点。

信息通信技术的融合和发展催生了知识社会，并推动了创新模式的嬗变。科技创新不再是少数被称为科学家的人群的专利，每个人都是科技创新的主体，生活、工作在社会中的用户真正拥有最终的发言权。传统的以技术发展为导向、科研人员为主体、实验室为载体的科技创新活动正面临挑战，以用户为中心、以社会实践为舞台、以共同创新、开放创新为特点的用户参与的创新模式正在逐步显现[①]。

图 4-3 新型创新模式

企业间的跨域合作往往有以下四种类型："小傍大"型、"门当户对"型、"一方得利"型、"合作双输"型。首先"小傍大"型是指小企业与大企业之间合作，或新品牌与老品牌之间合作，小企业青睐的是大企业的品牌或渠道，而大

① Etzkowita H. The triple helix：university – industry – government innovation in action ［J］. London and New York：Routledge，2008.

企业瞄准的则小企业的独特定位或新锐消费群体。这种模式最常见于快消食品业、时尚数码类产品与网络游戏之间的合作。快消品、数码产品、网游等行业往往有着相同或相似目标受众群体，可口可乐公司与"魔兽世界""街头篮球"之间的推广合作、盛大与先锋光磁之间的联手、三星与跑跑卡丁车等，都是比较典型的跨域合作典范。网络游戏运营商与快消、数码商业之间进行的大量合作表现出了跨域主体之间碰撞出的全新市场活力①。其次"门当户对"型指的是合作双方在品牌、实力以及消费群体定位方面大体相当的情况下展开合作。这种合作不仅可以共享资源，降低获得消费者的成本，双方还可以在不另增加成本的前提下，有效提升资源的利用价值与营销效率，共享渠道，共同进行品牌传播，开展消费者研究等，是典型的强强合作。② 大众金龟车与苹果iPod、麦当劳与中国移动动感地带、TCL 与农夫山泉等企业的合作，都属此类。TCL 与农夫山泉的跨界整合尝试，开创了家电业和饮料业跨界联姻的先河。从最初的销售点捆绑展示到中期的渠道捆绑，TCL 冰箱开放它所有的渠道供农夫山

① Hagedoorn J. , Roijakkers N. Inter-firm R&D partner sing in pharmaceutical biotechnology since 1975: trends, pat-terns, and networks ［J］. Research Policy, 2006, 35（3）: 431-446.

② ［美］蒂姆·哈福德著, 冷迪译:《试错力: 创新如何从无到有》, 浙江出版社 2018 年版。蒂姆·哈福德是国际金融公司首席经济学家主笔, 英国《金融时报》的经济社评作家, 主持人, 牛津大学前教授。

泉共享，农夫的饮料可以在 TCL 卖场免费做形象展示，而 TCL 冰箱则可以借农夫饮料来表现自己的“新鲜”价值；再到后期电视广告与户外 SHOW 的“等价”交换，整个合作过程虽然在具体执行上尚有不足之处，但大体上还是较为成功的。“门当户对”型的合作方式无疑是所有跨界合作模式中最为强势的，成熟的渠道和成熟的目标受众群体，毋庸置疑是强强联手。但在具体操作的过程中同样有许多的流程和细节值得关注和谨慎实施[1]，如当年创维与美的的异业联姻，就因为美的的销售渠道没有自己的终端维护人员，因此活动现场无人执行而无疾而终。再者“一方得利”型是指一方本想借势，但没有想到被对方抢了风光或者是适得其反，可能的原因包括前期调研不周、对自身的定位和目标诉求不明，或者是当两个异业的产品组合在一块时，产生了与预期绝然相反的市场效果，让消费者产生了不好的遐想，这些都属于失败合作的类型之一。最后“合作双输”型指的是合作双方各有各的想法，在合作过程中过分强调自己的利益，结果导致合作方向不统一无法形成合力，结果双输；或者双方合作后反而因失去彼此特色而同时失去市场，或者因利益不同而产生纠纷等，这些都是合作失败的类型之一。

---

① Katz R., Tushman M. J. A. longitudinal study of the effects of boundary spanning supervision on turnover and promotion in research and development ［J］. Academy of Management Journal, 1983, 26 (3)：437-56.

产学研合作创新模式作为学界常见的跨域合作模式将作为本书探讨跨域主体间的合作模式的切入点与聚焦点。产学研合作作为技术创新的形式，它是指在政府主导、竞争压力和内部自身利益需求的驱动下，以企业、高校和科研院所三方为基本主体，以政府机构、中介机构、金融机构、消费者等为辅助群体，按市场经济的相关原则进行有机结合，以实现各自利益需求的一种合作方法。一般来说，产就是"生产"，学就是"教学"，研就是"研究"，然而产、学、研这三种活动过程中存在着难以回避的内部转化，产学研合作也就需要多种不同的联盟模块。产学研合作在增强企业自主创新能力、加快科技成果产业化、推进产业结构调整、促进高新技术产业崛起等方面发挥着越来越重要的作用①，但是，国内产学研合作却普遍存在合作兴趣低下、合作领域狭窄、合作能力欠佳、合作绩效偏低等问题。针对上述问题，学界仁者见仁、智者见智，尚无定论。本书认为导致上述困境的根源在于对产学研合作模式把握不够深入、系统、科学。以系统论与过程论的双重视角对产学研合作的本质与过程进行解读，在深刻把握产学研合作机制自身固有规律的基础上对产学研合作模式进行剖析，对丰富和发展现有产学研合作模

---

① Hagedoorn J. , Roijakkers N. Inter-firm R&D partner in gin pharmaceutical biotechnology since 1975: trends, pat-terns, and networks [J]. Research Policy, 2006, 35 (3): 431-446.

式具有理论和实践意义，尤其为我国产学研合作向纵深处开
展提供理论支持具有重要意义①

图 4-4　分享中的创客

　　Fablab 中文译为"创客空间"是一种新兴的合作创新模
式。它是一个工作室，也是一个针对设计和制作的合作生产
空间，集合了多种数码控制的生产工具，用于教学或制作产
品雏形。国外很多"创客空间"是学校组织的，也有公众组
织筹办的，不追求盈利和产量，因此国外的"创客空间"对
公众开放，目的是激发公众的创造力，将好的想法转换成看
得到的实样。"创客空间"里一般有激光雕刻和切割机、3D

---

　　①　Borys B. , Jemison D. Hybrid arrangements as strategic alliances：theoretical issues and organizational combinations ［J］. Academy of Management Review, 1989, 14（2）：234-249.

打印机、CNC 精雕机、木加工工具、金属加工辅助设备等生产工具，业界将这些工具称为"刻宝"。由此我们得知"创客空间"主要的应用是切割，很多人到"创客空间"里来切割木材、纸板、亚克力等。因为制作产品雏形、模型、工艺品都少不了切割。"创客空间"有大有小，刻宝设备用在"创客空间"里的优势非常明显，刻宝设备无论是激光机还是机械机占地都不大，有着良好的性能/空间比①；创客们在Fablab 里分享信息和经验，相互合作。创客们不局限于某个特定的人群，只要有想法肯动手，都能成为创客。制作项目作业的学生、实践创意的创业青年、制作未来产品雏形的企业的技术人员、建筑模型制作者、制作创意工艺品的手工业者等，都能成为创客。

---

① ［美］迈克尔·诺斯著，赵海峰译：《创新：一部事物的历史》，海南出版社 2018 年版。迈克尔·桑德尔（Michael J. Sandel），又译为沈岱尔，哈佛大学政治哲学教授、美国文理科学院院士、社群主义的代表人物。他以其 1982 年所著的《自由主义与正义的局限》一书中对罗尔斯《正义论》的批评而闻名。桑德尔于 1975 年毕业于布兰迪斯大学。后来到牛津大学贝利奥尔学院学习，师从查尔斯·泰勒（Charles Taylor）。在这里他获得了博士学位，并得到罗德奖学金。主要学术代表作有：《自由主义与正义的局限》（1982 年）、《自由主义及其批评者》（1984 年）、《民主及其不足》（1996 年）、《公共哲学》（2005 年）、《反完美案例：基因工程时代的伦理学》（2007 年）等，其中大部分已被翻译成德、法、中、日等十多种文字。他从 1980 年起担任哈佛大学本科生通识课程Justice 的主讲，到目前为止已有 14000 多名学生选修了这门课程。此课程连续多年成为哈佛大学注册人数最多的课程，2007 年秋季更是有 1115 名学生选择了该课，创下了哈佛大学的历史纪录。2009 年秋，哈佛大学启动的课程公开化项目也首推了该课程。

4.3　主体系统的组织性冲突

大多数主体间的冲突最初都是人际关系的冲突，创新活动的主体从整体上讲包含三类主体：投资主体、决策主体、研究开发主体。不同类别不同层级、相同类别不同层级、相同层级不同类别的主体之间存在着多种多样的冲突①②。

创新性知识本身存在的独立性和公共利益属性时常会受到私人利益或者利益相关群体的威胁，当知识创新活动的根本目的在于实现知识的经济价值并非知识本身的探索，或一旦知识创新主体过多地遭受外在价值驱使，这往往会造成知识创新主体间的冲突。知识创新主体间的冲突大致可以包含经济利益的冲突和社会利益的冲突。从造成知识的创新主体冲突的原因层面看，大致可以划分为创新主体个人造成的冲突和组织层面造成的冲突。

知识创新组织性冲突归因主要包含组织制度和文化两个

---

① Marco Iansiti. TechnologyIntegration：making critical choices in a dynamic world［M］. Harvard Business School Press，1998.

② ［美］蒂姆·哈福德著，冷迪译：《适应性创新》，浙江出版社 2014 年版。

方面。

制度因素就是正式而集中化的上下级组织关系，对于知识创新主体之间的交流以及知识间的共享都起着负面反向的作用，假如行政管理层面的工作人员能够放下手中的权力，消解其刻板化行政行为，给予知识创新主体更多的工作自由度和灵活度，如按照知识创新主体的个体习惯给予其弹性工作时间，那么知识创新主体间的自由交流机会就会大大地增加，冲突将会减少，通过有效沟通使知识创新主体在交流与讨论中开拓出新思路，迸发出新思想①。知识创新的政策法律、约束机制、保障机制、评价机制、奖励机制，尤其是奖励作为主体个人极为重视的一部分都没有被明确合理地规范化，也会使得知识的创新效率萎靡不振。

知识创新主体间高效率的知识创新需要文化的高度匹配。知识创新共同体的带头人需要发挥其领导表率的作用，主动推进知识创新的进程，构建自由民主开放的文化氛围，需要每一个个体彼此信任、理解、支持。组建自由学习型的知识创新共同体有利于团队协作，打造高效知识创新的文化氛围。我国诸子百家的传统文化为我国古代科学的发展提供了坚实的理论基础，但在当今的知识经济社会中，其中的一些保守

① Prahalad, C. K. and Hamel, Gary, 1990, The core competence ofthe corporation ［J］. Harvard Business Review 68 (3)：79~91.

传统力量加剧了知识创新主体间的文化冲突。第一，知识创新意识薄弱。在知识创新过程中照搬前人的工作模式，循规蹈矩。创新主体需要在准确理解传统文化的基础上，与时偕行，与时代同呼吸共发展①，创造全新的科学精神、科学方法和人文理念。在知识创新的过程中，就是要在继承传统文化精髓的基础上创新地转化和发展共享文化。第二，重道轻器。自古以来就有"万般皆下品，唯有读书高"，中国的传统文化中重"道"轻"器"，这里所谓的"道"就是指理论知识，"器"就是指科学技术。"道"本"器"末用于知识创新的过程中就会导致书本主义、本末倒置。要知道知识创新是需要理论与实践相结合的，理论指导实践，在实践中创造出新的理论知识。在知识的创新过程中，个体成员要有动手意识，勇于实践，敢于创新。对于那些落后的、保守的、过时的传统思想，要及时地摒弃，形成知识创新的新型文化。

---

① Wang Zhongtuo. Systems Methodology: Possibility for Cross-cultural Learning and Integration, University of Hull, Hull U K. 1995.

第五章
科学共同体的合作圈层模式

如果说我看的远，那是因为我站在巨人们的肩上。

——牛顿

只有在集体中，个人才干获得全面发展其才干的手法，也就是说，只有在集体中才可能有个人自由。

——恩格斯

　　知识创新中基于网络链接的新的维基模式的合作方式，大大拓展了知识呈现合作的可能空间，大大丰富各种资源融合的机会和途径，各种异质异构异源的合作格局多样化的知识融合，在一定程度上对冲了创新过程的不确定性风险。因此，剖析合作过程及合作共同体相关的心理、文化、社会及其网络链接问题，不仅其本身具有理论研究的意义和趣味，而且，对于协调或优化合作过程实现创新目标具有实践引导的价值。

5.1　合作的起源：历史原型及其意义

　　知识创新的合作，涉及人们知识或内在经验的相互融合，也就是所谓隐性知识与显性知识的融合。显性知识已经以正式文本的形式，确立了知识的形态、氛围和权属，合作过程的责任和贡献比较容易界定，隐性知识则还处于内在经验和感知阶段，它可能是解决问题的关键直觉，但是其价值和权益很难界定。因此，知识创新的合作，需要合作者之间彼此高度信任，按照当下时尚的说法就是要"三观"一致。研究这种合作，可能需要对人类合作的本源和心理文化基础刨根问底。

史前人类学的研究，已经发现了许多基于群居动物的合作行为的证据，然而，这种本能的生物个体间彼此互利的合作关系，上升到专业分工、资源互补、文化确认以及组织约束的层次，其中还有需要知道追溯的历史脉络。我们简要地回顾这一历史不仅出于对历史演变的敬畏，更在于探索历史渊源的认知价值，它能够帮助人们更理性更准确地认识合作的逻辑基础及其社会实践意义。

关于人类合作的起源以及心理或文化背景的问题，马丁·诺瓦克[1]的《超级合作者》[2]、迈克尔·托马塞洛[3]的

---

[1] 马丁·诺瓦克，（Martin A. Nowak，1987—?），哈佛大学数学与生物学教授，进化动力学中心（PED）主任，与著名生物学家理查德·道金斯和爱德华·威尔逊齐名的科学巨星。继达尔文之后为进化论作出突破性贡献的第一人，32岁就成为牛津大学数学生物学教授。在普林斯顿高等研究院创建世界第一个理论生物学项目。将数学应用于生物学的先行者，在病毒动力学、癌细胞进化、空间博弈、间接互惠、演化图论、语言进化等方面皆有建树。在《自然》《科学》《科学美国人》等杂志上发表了350多篇论文，H指数80。

[2] ［美］马丁·诺瓦克著，龙志勇，魏薇译：《超级合作者》，浙江人民出版社2013年版。

[3] 迈克尔·托马塞洛（Michael Tomasello，1950—?），美国发展与比较心理学家。德国马克普朗克进化人类学研究院联合院长，德国莱比锡大学心理学系荣誉教授，美国杜克大学名誉教授。从20世纪90年代起，多项学术大奖荣誉加身，被公认为当代最权威的发展与比较心理学家，是世界范围内少数被多学科领域认可的学术权威之一。他关于社会认知起源的先锋性研究，开启了发展心理学与灵长类认知研究的独特视角。

《人类沟通的起源》和《我们为什么要合作：先天与后天之争的新理论》①等人的研究给予我们许多启示，他们的研究提出了一些现在已经被学界逐步认同的结论：第一，人类的合作是从亲属、族人逐渐向近邻及其外部陌生人过渡的，亲属、族人之所以更容易建立合作关系，血缘或基因的作用以及长期共同生活的经历可能引发感情，包括能够或不能够用语言表达的依赖感和安全感。这种心理感知在我们讨论合作的心理约定时将会进一步展开。第二，波及近邻的合作，则源于利益相关或礼尚往来，一致抗击风险或敌人的经历通常是这种合作萌生或强化契机。同样，知识创新合作需要认同和信任的关系，克服彼此戒心建立信任关系，这是由来已久的社会学话题。第三，与外部陌生人的合作，应该是在复杂的信号系统乃至语言出现以后，或者进一步在部落行为规则出现并具有约束力以后的事情，因为没有复杂信号及语言的沟通和协调，合作的意图和目标、合作的程序安排、合作行动的指令及其合作权益的分配机制，如此等等的复杂信息就不能够有效表达，尤其涉及长周期多因素多变化的合作行为，协调和指令信息是产生有效合作行为的基础条件。由此可见，没有信息的交流、沟通、协调，任何合作过程都无法实现。

---

① ［美］迈克尔·托马塞洛著，苏彦捷译：《我们为什么要合作：先天与后天之争的新理论》，北京师范大学出版社2017年版。

第四，不仅如此，陌生人之间的合作，还需要文化、制度的约束条件。

促生和维持合作的文化规则如何起源，按照马丁·诺瓦克关于间接合作的论述，人们最初是直接交换或共享利益的合作，语言产生以后，人们发现一个人的品行，尤其是与合作有关的利他或奉献精神，与他是否是一个合格的合作伙伴密切相关，也就是说一个人有没有独自分享他人狩猎的成果，与他是否经常与人分享猎物，或是否经常帮助他人有关，而这种关于个人名声的信息，可以在村落或部落成员之间物是人非的各种八卦中传播和确认，这种议论纷纷的舆论不仅判定了每个人的合作分享资格，也帮助村落、部落确定了各种不成文的行为规则，而惯例、道德很可能由此发源。至于人们在更大范围内形成利益共同体，例如国家，这种不成文的惯例和道德规则就可能以法律的形式确定下来，规定各种合作或交易契约中当事人的责任与权利，规定信守合约的保护措施或违约的追诉程序，以及奖惩条例，这是通过国家机器确保其实施的律令。那些文化鼻祖们也会就此长篇大论，从天文、地理、人和的各种途径，阐释这些规则的天经地义，确保人们不仅仅在权力强制的情况下遵守规则，而且确保这些理念能够化育到人的内心世界，成为人们自觉的信念。宗教信念中对人们各种世俗责任的阐释，大约也是以这种模式来规范人的意志与行为。由此，人类成为一种不但能够基于亲缘连接建立合作关系，在陌生人之间，一旦形成契约，制度的力量也会干预或维持合作过程，人类进化使其成为超级合作者。

同时，我们看到，合作者远近程度的差异，形成合作共同体不同的圈层。不同圈层的交流、沟通和彼此约束的机制也不尽相同。因此，这一章的分析，也为后面章节进一步讨论相关管理问题提供了社会及心理认知的支持。

5.2　核心层的心理约定：目标与认同

在合作圈层结构中，承担合作事项发起者职责的核心层，不但需要认知和解决合作战略的各种不确定性问题，还需要处理创新过程中随时出现的各种风险。因此，形成认知认同并构建维系合作的心理约定，具有基础性的意义。

目标确认：核心层的价值趋同

一般来讲，合作是个人与个人、群体与群体之间为达到共同目的，彼此相互配合的一种联合行动。合作是生物界尤其在人类社会中普遍存在，我们不仅需要分析合作起源与发展的一般特征，我们更需要结合知识创新的特殊性质，分析各种形态的知识载体，既合作行为主体的心理学、社会学特征，分析其合作共同体不同圈层的衍生及其行为机理。

有研究者将合作模式做了两分法处理：大我合作模式和小我合作模式。前者是源于大我意图①和集体义务，这种合作起源于整体目标和整体利益的预期，个人自愿服从这种预期并根据目标的要求确认个人的职责和权益，确认个人在分工合作结构的地位。大我合作模式特别适合分析核心层的构建和发展机制。例如，我们经常看到关系密切的科研人员，在彼此学术交流或日常工作中，渐渐形成共同感兴趣的研究问题，从而动议共同发起一项科研项目，他们几个人不但对于科研目标有共同的认知，而且认同彼此的价值观和行为方式。以他们为核心，还会根据目标寻求物色辅助性的工作人员，甚至他们会设计或确定未来合作项目的组织规则和管理控制机制。这些核心成员的社会行为就是"一种充分合作行为"。也可以称为组合作。组合作是在大我模式下进行的，组员之所以合作，是因为他们有"共享性集体目的"。Tuomela称他的理论为"集体目标合作理论"。组合作代表的是充分合作型的。

小我合作模式是源于个人意图和个人义务，在核心层的

---

① 意图是比较清楚地意识到要争取实现的目标和方法的需要，它通常以仅仅是设想而未付诸行动的企图、愿望、幻想、理想等方式存在；也可以是有了初步行动但未达成最终目的的状况。

合作愿景和战略确认之后，分工合作结构进一步扩展，形成更细分的合作组织层或衍生外围辅助圈层时，小我合作模式具有一定的代表性①。

当然，在一些公共环境中，人们对公共道德和公共秩序的心理认同，也是一种可以影响或渗透合作关系中的文化心理因素。比如一起看电影的人们，他们之间的合作，如不拥挤、不占他人的位置、不影响别人观看等等，代表的是微弱型合作，即"小我合作"。跟小我合作相关联的社会行为属于"包容型单个行为"。成员之间没有统一的共享目的，因为人们看电影有各自私下的目的。这种心理约定推而广之，在合作组织就与利他或感受他人寻求的心理活动有关，基于功利目的的组织内部行为，实际上是在广泛的无意识的社会生活中渐渐酝酿的，它能否最终成为组织文化或规则，还需要通过后面讨论的管理手段加以强化。

如果要进一步滤清合作心理的发生和演变机制，对群体目标的缜密分析对合作的起源而言是至关重要的。大体上讲，根据成员个人意图与群体目的之间的关系，可以把群体目的分为四个子类：首先，群体目的跟个人意图相互关联而又各

---

① ［美］拉斯穆森著，韩松译：《博弈与信息》，中国人民大学出版社2009年版。安诺斯·福格·拉斯穆森（Anders Fogh Rasmussen，1953—？），丹麦政治家，丹麦奥胡斯大学经济学硕士，前北大西洋公约组织秘书长。拉斯穆森曾于2004年2月对中国进行工作访问。2008年10月对中国进行正式访问并出席在北京举行的第七届亚欧首脑会议。

自不同。如在一起合作和为什么来合作，每个人都有自己的预期，但是它们会在共同目标基础上凝聚起来；其次，群体目的与群组成员个人意图有关联，如群体目的"合作完成一次物理试验"其中群组成员都接受此目的，第三，为达到此目的产生相适应的个人意图。但群组没有拟定付诸实施的共同行动计划，个人意图也就无从着落。第四，意图支撑、联合策划的群组目的。为了达到此目的，群组采取联合行动，群组成员的各自行为都是联合行动的一部分，都有实施的共同义务。

由此可见，核心层的心理约定也会随着核心圈层的扩展而不断丰富其内涵。

战略控制过程的不确定与价值认同的自适应配适

核心层及其后面衍生其他合作圈层，构成了一种具有目的的社会群组，其中的联合意图都是围绕某特定的社会行为形成的。具体的合作目的在集体行动完成后可能不再具有意义，该群组也可能自行解散，但是，这种心理约定形成的机制，作为经验或案例，会影响到其他相近的合作过程中。更大范围讲，长期存在的社会团体则有不同的聚合机制，社会团体可以有成文规范的团体目的，如"争取市场份额"等等，这种目标决定组织成员正式的工作关系和行为特征；而更加广义的价值认同，则会影响其个人行为或其他非组织关系。因此，对团体成员来说，群体目的实质上有两个层次，一是正式的规范性的社团各种目标，团体为此目的通过制度约束成员的行为；二，因为团体成员具有心理约定和价值认同的基础，他们对社团的预期除了正式目标外还有彼此关系所带来的心理慰藉，安全感以及其他不断扩展的确认生活意义心理与交往因素，这是一种相对较弱的集体意图，但是，对于面对不确定性任务的知识创新组织，对于应付可能陷入迷茫的工作阶段，它的价值是正式目标的导向机制所不能取代的。

由此，我们可以说在组织内部或涉及到组织间合作关系时，人们面对不确定的工作任务，同样也能够对彼此行为有所预期，因为人与人之间必要的基础的交流，能够揭示或反映人们价值趋向的某些特征。而价值彼此认同的行为主体之间形成相互适应的工作关系是可以预期的。在不确定的创新环境中，价值认同可能是比正式组织规则更具良好的配适特性。

目标风险、过程风险与核心层的心理韧性

合作创新过程，存在着不可避免的目标风险和过程风险。所有的合作行为都会涉及对行为目的的确认问题，其目标的认知、确认和实施可能存在几种风险：1. 对合作业务在科研或产业化层面是否存在可行性的问题？可行性程度与创新策略如何选择？这些问题能否达成有约束力的共识等等，这是一类目标风险；2. 目标确定后，一定还会涉及相关利益和责任的表述与落实问题，知识创新是一种潜在知识形态变化与逐步显现的过程，人们各有心理预期，人们与此相关的能力状态也难以一次性充分显示，因此利益与责任的划分可能会出现认知与界定彼此错位的情况，上述目标的不确定性使得合作过程中需要反复地迭代地重新审视目标共识的基础问题；3. 由此可以想到，在合作创新过程中必然存在各种认知与实践层面的风险，包括问题求解的风险、目标重新确认和协调的风险、以及过程控制及后续资源保障等等风险。这些风险在确定合作战略规划和实施计划时，有的可能有所预期，更有可能是一些意外情况变化。因此，合作核心层的心理准备要具有韧性，这种心理韧性需要在反复化解风险的过程中不断升级。

5.3　合作者的非契约关联：
文化与惯例

从组织和行为特征的角度讲，知识创新的合作比其他创新过程（如技术出现）可能更具有非契约化的性质，这与潜在知识形态及其相应权益和责任难以界定有关。因此，知识创新的合作能否维系，与各方当事人彼此的价值认同或心理约定有关，而这种价值和心理的默契又与更大范围的社会文化形态密不可分。

非契约合作

"契约"一词源于拉丁文 contractus，《现代汉语词典》（1985）中的解释是："证明出卖、抵押、租赁等关系的文书"。拿破仑法典的解释是："契约为一种合意，依此合意，一人或数人对于其他一人或数人负担给付、作为或不作为的债务"。但这两种对契约的解释都不能理解为契约文化，"契约"是契约文化的文化要素，即契约文化的一个文化"符号"。因此契约文化是指：人们建立在"契约"形式之上的包含精神性要素和制度性要素总和的"共同的心理程序"，是市场经济形态下社会关系的反映，是贯穿于市场经济发展全过程的精神文化。

我们已经反复讨论过创新阶段的知识形态的不确定性以及难以形成完备契约的问题。因此，非契约合作的方式大量存在于知识创新的过程中，除了密切互动的核心层需要价值认同或心理约定机制以外，借助更大范围的文化和惯例的作用机制，也是其合作有效实施的基本保障条件。

创新主体的合作基础往往建立在文化信仰和惯例约束的

非契约环境中。人的价值观取向和文化素养直接影响着创新的规则和方向，而个人价值观的形成又深受文化的影响。文化平等、守信等非契约形式的核心理念就像一只"看不见的手"在创新过程中起到规范和引导作用。

非契约文化在管理中的凸现，是管理学发展的客观必然。20世纪80年代，以美国学者威廉·大卫为代表，通过对美国经济增长速度为什么低于日本的原因研究发现：美国企业注重战略和"硬件"管理，却忽视人的因素等"软件"管理。由此，威廉·大卫从文化的视角出发，在麦格雷戈"X理论"和"Y理论"管理学说的基础上，提出了"Z理论"，强调组织管理的企业文化因素。大卫认为，"在Z型组织内部，不同血型和不同性格的人需要有一致的目标。他们需要在统一的文化氛围里耳濡目染，通过团队、信任、友谊、合作、批评、开诚布公等方式逐渐使自己的价值观和人生观与组织的哲学观统一起来"，以实现企业文化的管理功能，从而塑造出企业的活力与合力。然而，不同的文化其价值观是不相同的，价值观的冲突不但不能实现个人价值观和组织哲学观的统一，而且还会导致企业文化管理功能消失。因此，虽然威廉·大卫没有具体说明"统一的文化"是什么，但他在阐释Z型组织内涵的过程中，始终强调平等、诚信等非契约文化核心理念，引导个人价值观与组织哲学观统一，从而实现企业文化的管理功能。因此非契约文化融入到管理中可以弥补制度及管理的不足。[①] 这是讨论创新主体合作的理论基础。总之，非契约合作看似无序，实际上，它涉及社会共同体的文化、规范、惯例、信用等等约束机制，它是一种虽然看不见但又让人敬畏的潜在力量。

默契与惯例

理论上讲，特定的文化环境的确会激励合作行为并推进合作过程的实施。具体分析这种作用机制，它又进一步分为几个层面：

首先，从合作主体特征及其合作关系的角度讲，文化作用的意义就是要将不同背景、不同合作预期、不同知识或能力形态的潜在合作者，变为具有默契的合作伙伴。与核心层成员形成价值认同或心理约定不同，外部合作者与核心层成员之间可能并没有事前共事或密切交往的经历，没有反复体验或修正彼此认知的过程。在这种场景中，组织文化或愿景的提炼与有效表达，包括组织活动的仪式以及模范行为的宣传，都是强化组织文化信息的必要手段。换句话说，就是要使得合作者能够充分感受到或沉浸于组织文化的氛围。

其次，合作目标及其任务细分需要清晰地表述。外部合

---

① ［美］肯尼斯·阿罗著，陈小白译：《组织的极限》，华夏出版社2018年版。

作者不仅仅凭借组织文化的感受理解合作的意义，他们一定需要在具体实在的工作过程中，尤其在体验和判断约束与激励机制合理性的过程中，形成处理合作关系的基本态度。表达或落实合作的目标及其任务细分，是培养默契合作伙伴的基本管理环节。有了这种合作基础，当合作项目在一些阶段出现不确定状态时，才能期望合作者能够主动地接受没有事先约定的分外工作，进一步讲这种非契约的合作行为如果事后又能够得到有效激励，合作者的默契行为就有可能不断衍生增长。反过来这种案例积累有可能渐渐成为一种具有组织文化意义的惯例。

　　再者，惯例本身还有一种自循环自强化的机制，它与个人和组织的信用意识有关。惯例一旦形成并且被各种来源、各种类型的合作者所接受，它就会成为人们识别、取舍合作伙伴的重要依据。当事人能否遵守并践行惯例所体现的非契约义务，会成为群体评价个体或个体之间信用评价的意见基础，其内容包括合作承诺与兑现的吻合程度，时序系列中行为的稳定性，即使出现不可预期的特殊情况下个体维持承诺的努力程度等等，在群体内实际上存在着针对个人的信用评价分布，它会影响人们对当事人能否合作以及合作可信度评价，最后成为群体分配合作机会的依据。这种效果人们一般都能够预期，尤其可以想象是否遵守惯例，是否保持信用评价的后果。因此，惯例不仅是一种合作实施过程中的规则或程序约束机制，也是一种体现为信用评价的资源与机会的分配机制，后者具有某种自循环自强化的功能。

与此同时，惯例还具有一种组织学习的意义。从认知、评价和选择合理工作规则的角度讲，惯例的形成来自于对过去工作经验和教训的总结，因此，遵守惯例是组织或个人在不确定任务环境中优化学习路径与减少试错成本的策略。知识创新就其内容和目标而言可能是前所未有的，但是实现创新的底层行为以及合作伙伴之间行为互动方式，或责任与利益分担分享的机制则可能是连续的符合惯例约定的。这样做的合理性，就在于人们不需要在每一次从事新工作时，都从头确定每一项行为规则，惯例已经排除了那些通常情况下显然会导致错误的路径和方法选项，每一次新任务，人们只要依据惯例做一些细节上的微调即可。传统与创新之间有着必要的张力。

刚柔兼济：合作机制的扩展

一般来讲，惯例的效用往往需要人与人之间的频繁沟通，惯例所具有的模糊性才能够适应性地得到解释和校正。当涉及合作业务十分复杂、合作范围日益扩大的情况时，仅仅依靠文化和管理约束显然是有局限性的。表述更明确，执行更加严格，控制闭环更加有效的组织制度和管理同样是必须性的。任何一个组织，其工作程序和评价体系对多样性动态性的变化，都有一个难以随时变更的容纳空间，任何组织行为和管理机制，都需要一种简化个性、统一程序的要求。只有这样，合作者或其他各类组织成员才不至于陷入无止境的商议过程中。具有某种强制性的管理规则，是维系外部合作圈层的另一种方式。

5.4 合作圈的契约：组织、
制度与博弈

如前所述，当合作任务复杂化合作资源扩展到一定程度后，仅仅依靠非契约的间接作用，会急剧加大整体行为的沟通成本和沟通难度，因此，严格的资源配置与制度化的控制管理成为与此相应的手段。

组织分工与合作资源配置

如果知识合作过程仅仅在于一般性常识性的观念交流与融合，不涉及太多资源配置的问题，观念的产生也不要求专业化结构化的资源支撑，那么非契约合作形态可能已经满足实现合作目标需求。但是，如今的前沿知识已经远远超过经验感悟的层面，无论是自然科学或是社会科学，反映世界特性的知识已经深入到物质存在的底层结构或人类动机与行为的内在关联层次。因此，获取或创新这种知识，需要配置专业性的稀缺资源。这种资源的配置和使用，需要严谨的计划管理，以便有效甄别和激励合格的合作伙伴。

构建具有竞争优势的专业化分工合作组织，其遵循的基本原理就是降低学习成本和扩大比较优势。引入合格的合作伙伴，其目的在于降低组织学习的成本，如果没有学习的成本，任何组织目标都可以借助组织内部的资源而实现，组织成员可以通过漫长的学习过程，消耗巨大的学习资源，从专业新手变成经验丰富的专家，这是机会成本；另外，在学习过程中，还可能经历各种失败，其中有些失败风险甚至可能是致命风险，这是风险程度不同的试错成本；即使付出巨大代价，组织所拥有的专业能力也未必具有比较优势，因为不同个体或组织，其所拥有自然的禀赋都会限定其比较优势的指向，这是禀赋特征的选择性成本。所有这些类型的成本，使得人们必须依照严谨的程序和管理措施选择合格合作伙伴，推进合作过程。

契约控制与组织程序的优化

既然合作不是漫无边际的随机行为，合作契约就应该对与合作有关的目标、责任、进程、考核、奖惩等事项予以明确的约定，并兑现于实际合作过程中。

如果根据约定建立了规范的合作组织，其中的合作伙伴就必须承担组织责任，接受管理约束，完成合作目标，契约所体现的责任、义务和权力以及协同性精神，将个人诉求与组织目标结合起来，因此它不但应当具有他律的、按照组织层次设置的管理控制功能，也应该具有促进自律的、规范化约束效力，它的效力边界是可以适应性扩展的。也就是说，知识创新的不确定性能够在一定程度上与规范的契约管理相互协调，能够使过程管理与目标控制相协调。

根据合作目标的变化，如果需要扩大合作范围，针对组织外部的合作者，需要拟定和签署合作契约，应当具有两重性质：既需要与既定的合作目标吻合，又要兼顾不同合作对象的特性，这种契约才能有效规避合作交易的风险，同时对不同合作对象提供有差异性的约束与激励机制。由于信息不对称，识别和管理组织外部的合作者可能出现交易风险，这种风险或许有几种形态：第一，合作伙伴推介信息与实际情况偏差，候选合作者在知识能力、合作理念和行为方式等方面不适应合作项目的工作；第二，候选者对合作项目、合作组织的特征尤其是管理模式产生误读，一旦进入工作状态形成各种无谓的冲突，当事人与组织都需要承担机会成本；第三，知识创新，涉及敏感的知识权属或发表时机问题，合作伙伴的选择失误有可能造成知识与信息不当泄露的问题，合作伙伴的选择以及合作契约的条款，需要对此有明确规定。因此，契约在不同类型的合作过程中有着不可替代的作用。

博弈进化与合作扩展

博弈可以产生于直接互惠、间接互惠、空间博弈、亲缘选择、群体选择等五个领域，同时博弈理论可以公式化、数学化。博弈论甚至可以把整个世界收割一遍，因为博弈和合作从分子就开始了。创新合作主体常以群体为单位进行活动，维系创新主体之间联系的有两种主要形态，即博弈下的竞争关系和合作关系。竞争关系的核心概念是"替代性"。对于竞争与效率的关系始终是经济学界的研究热点，在经济学教科书里面看"替代性"的时候可能会觉得很平常、很普通，其实它是主流经济学的一个核心概念。所谓价格理论、消费理论、生产理论、机会成本，甚至理性选择等等其实都可以追溯到资源之间或者事物之间的可替代性上。相对于竞争关系的核心概念，那么合作关系的核心概念是什么？关于合作关系的核心概念即"互补性"。"互补性"是非常重要的，因为万事万物之间，不仅仅只有非此即彼的"替代性"，而且还有相辅相成的"互补性"①。前者导致我们创新主体的竞争

① H. Etzkowita. The triple helix：University‐industry‐government innovation in action ［M］. London and New York：Routledge，2008。

关系，而后者导致创新主体的合作关系。从主体之间的合作关系我们可以推出的核心概念是"互补性"①，它意味着群体的发展，事物的可互补性导致合作，合作导致社会化，社会化导致今天气象万千的共生化世界。②

图 5-1　合作博弈

合作的本质是一场博弈，在人类社会的现实生活中，合作的确是再寻常不过的现象。合作博弈是指一些参与者以同盟、合作的方式进行的博弈，博弈活动就是不同集团之间的

---

① Fehr et al., The Neural Basis of Altruistic Punishment, Science, Vol. 305, 27 August, 2004.

② ［美］蒂姆·哈福德著，冷迪译：《适应性创新》，浙江出版社 2014 年版。

对抗。在合作博弈中，参与者未必会做出合作行为，然而会有一个来自外部的机构惩罚非合作者。合作博弈亦称为正和博弈，是指博弈双方的利益都有所增加，或者至少是一方的利益增加，而另一方的利益不受损害，因而整个社会的利益有所增加的。在大家都愿意合作的时候是最优策略。

密歇根大学政治学家罗伯特·阿克塞尔罗德有关"重复囚徒困境"[1] 的实验结果表明：合作不是那种虚与委蛇的善

---

① 囚徒困境是指两个被捕的囚徒之间的一种特殊博弈，说明为什么甚至在合作对双方都有利时，保持合作也是困难的（双方合作比不合作好；但一方背叛一方合作时，背叛方得分高于合作时得分；结果双方出于"理性"都选择背叛）。囚徒困境是博弈论的非零和博弈中具代表性的例子，反映个人最佳选择并非团体最佳选择。虽然困境本身只属模型性质，但现实中的价格竞争、环境保护、人际关系等方面，也会频繁出现类似情况。囚徒困境的故事讲的是：两个犯罪嫌疑人作案后被警察抓住，分别关在不同的屋子里接受审讯。警察知道两人有罪，但缺乏足够的证据。警察告诉每个人，如果两人都抵赖，各判刑一年；如果两人都坦白，各判八年；如果两人中一个坦白而另一个抵赖，坦白的放出去，抵赖的判十年。于是每个囚徒都面临两种选择，坦白或抵赖。然而不管同伙选择什么，每个囚徒的最优选择是坦白。如果同伙抵赖，自己坦白的话放出去，抵赖的话判一年，坦白比不坦白好；如果同伙坦白、自己坦白的话判八年，比起抵赖的判十年，坦白还是比抵赖的好。结果两个犯罪嫌疑人都选择坦白，各判刑八年。如果两人都抵赖，各判一年，显然这个结果最优。囚徒困境所反映出的深刻问题是，人类的个人理性有时能导致集体的非理性，聪明的人类会因自己的聪明而作茧自缚，或者损害集体的利益。

重复囚徒困境：重复的囚徒困境中，博弈被反复地进行。因而每个参与者都有机会去"惩罚"另一个参与者前一回合的不合作行为。重复的囚徒困境中，博弈被反复地进行。因而每个参与者都有机会去"惩罚"另一个参与者前一回合的不合作行为。这时，合作可能会作为均衡的结果出现。欺骗的动机这时可能被惩罚的威胁所克服，从而可能导向一个较好的、合作的结果。

良，建立在互相尊重彼此利益的基础之上的才叫合作。但是按照自利理性人的假设，在人类社会中广泛存在囚徒困境是不足为奇的，陷入困境的"囚徒们"不互相背叛反而彼此合作，这其中的机理需要被抽丝剥茧地解释一番。

首先，在一个广泛不合作的环境里创新主体之间合作是怎么发生的？这可以被看作初始成活问题。一个合作取向的行为策略可以通过有意的分析、试错或仅仅是幸运而出现。而合作的出现，只需要一个采取合作策略的个体与另一个采取合作策略的个体相遇即可。

其次，合作产生后，如何在动态且多样化的社会环境中持续下去？长期的相互关系是合作策略胜出的必要条件，也就是说一次性博弈的概率对于合作的发展是必要的且不充分。一次性的博弈是指只要个体再也不相遇，此时背叛策略就是唯一稳定的策略，或者"未来相对于现在不是足够重要时，没有任何形式的合作是稳定的"。通俗来讲是当主体得知以后"再也不见"的时候，自利者一有机会就会"宰你没商量"，此时合作看起来是"傻瓜"的选择。具体而言，在竞赛中胜出的"一报还一报"策略，因为从不先背叛，所以在每一局博弈中，其收益要么与合作主体一样多，要么低于首先背叛的主体。所以只有当博弈者之间的接触不是一次性的而是持续或反复发生的，背叛者因背叛而得到的好处，才有可能在未来的接触（被报复）中被抵消，而合作者才有足够的时间在后续合作中使其合作收益超过其因被背叛（以及实施后续报复）而产生的损失。假设当前情境为参与者已知次数的多次博弈，结果和一次性博弈是一样的，因为一旦参与者已知博弈次数，他们在最后一次博弈时肯定采取互相背叛的策略①。既然如此前面的每一次也就没有合作的必要，因此在次数已知的多次博弈中，参与者没有一次会合作。事实上即使是一次性博弈，也只是合作"很难"达成，而并非"一定不能达成"。

最后，创新主体之间已经在持续中的合作行为如何避免被破坏呢？惩罚机制的建立可以很好地解决这一问题，即报复对方的背叛，且"一报还一报"策略在对方第一次背叛时就要产生"报复"行为。所以对背叛的报复不仅必要而且必须是及时的。然而对背叛的报复应当是有节制的。若报复被对方认为超过了挑衅，极有可能导致对方的进一步报复，由此陷入无止境的背叛振荡。由此假如"一报还一报"策略在报复时表现得更宽容，比如报复反应稍稍少于挑衅的话，合作的稳定性将会增强。即使是在一个其他人不愿合作的世界里，合作仍然可以通过一小群准备回报合作的个体来产生。

阿克塞尔洛德的分析还表明合作能发展的两个关键前提

---

① ［美］拉斯穆森著，王晖译：《博弈与信息》，中国人民大学出版社2009年版。

是合作要基于回报和未来的影响就足够重要以使得回报稳定。但是基于回报的合作一旦在群体中建立，它就能保护自己不受非合作策略的侵入。在适当的条件下基于回报的合作甚至可又在对抗双方中产生。这就说明合作的基础不是真正的信任，而是关系的持续性。从长远来说，创新主体间建立稳定的合作模式的条件是否成熟比双方是否互相信任来得重要。当未来相对于现在不是够重要时，没有任何形式的合作是稳定的。促进创新主体合作的第一方法是增大未来的影响。

以相互回报合作作为宗旨的群体的存在，合作才能在普遍不合作的世界中出现、存续并繁荣。合作存在着周期性的兴衰过程①，生物个体的合作能力是起伏不定的，就像大自然的心跳一样。这就是人类社会中的冲突与分裂一直存在也永远不会消失的原因。博弈论甚至可以重新定义进化论甚至生物学乃至更高层次的社会合作②。那我们以博弈论为引导，在博弈的思维模式中归纳真实世界合作运行的规则③。

阿克塞尔洛德证明了从这种简单的博弈结构可以演变出创新主体间各种复杂的合作模式，包括各种制度结构和制度

---

① Searle, John R. 1983. Intentionality. Cambridge: Cambridge University Press.

② Speech Acts: An Essay in the Philosophy of Language. Cambridge: Cambridge University Press. 1990.

③ Saussure, Ferdinand de. 2001 [1983]. Course in General Linguistics. Translated by Roy Harris. Beijing: Beijing Foreign Language Teaching and Research Press.

规则，也证明了"一报还一报"这种博弈模式是博弈中比较好的一种模式。[①]

5.5 跨域合作圈：从维基模式到人机融合的智能

随着互联网及其数据和智能技术的发展，人类社会已经被架构于可以随时随地获取、传输、处理、应用海量信息的基础设施之上，这是一种全方位重组人类社会的变革，它的影响远远超过技术领域的范围，人类个体自我认知以及彼此认知的方式，对社会整体运行状态和变化机制的理解与协调能力，社会的规则、制度和理念都发生了根本性颠覆性的变化，万物互联互通，人机协同运行的新型社会正在雏形显现。显然，我们在此所讨论的知识以及知识创新的故事将有全新的版本，合作的视域甚至可能跨出人类物种的范围，人类智能与人工智能之间出现不同类型智能的融合增值，已经不是意外的话题。故事要从互联网开始的跨域合作讲起。

[①] ［美］简·麦格尼格尔著，闾佳译：《游戏改变世界》，北京联合出版社2018年版。

跨域合作：开放、共享、对等、全球化的愿景认同

自 20 世纪末期开始，互联网兴起所带来的变化就已经成为人们关注的热点问题，托马斯·费里德曼①的畅销著作《世界是平的》向人们系统展现了互联网可能带来的新的人类生活场景。正如麦克卢汉所考证的那样，人类每一次发明新的信息技术，人类社会的运行结构和模式都会随之而发生一次深刻的变化，从语言、文字、印刷、无线广播与电视莫不如此。互联网的出现，几乎完全拆除了所有社会成员进入信息交流世界的围栏，曾经作为固化社会阶层壁垒的信息使用权，已经不再具有特权的色彩，在互联网的基础上当信息能够通畅、便捷，充分地沟通，人类交流与合作的成本就会随之急剧降低，在经济领域的制度安排会随着交易成本降低以致进入所谓零成本时代，各种物流、生产和市场环节的行为与组织形态就会根本重组。《世界是平的》②③ 正是描述这种所有资源的价值必须重估的变化。

---

① ［美］托马斯·弗里德曼（Thomas L. Friedman，1953—?），新闻工作者、经济学家，普利策奖终身评审，哈佛大学客座教授。

② ［美］托马斯·弗里德曼著，何帆等译：《世界是平的》，湖南科学技术出版社 2006 年版。

③ 《世界是平的》作为一本经济学著作，描述了当代世界发生的重大变化，展示了"全球化正在滑入扭曲飞行的原因和方式"，揭开这个世界的神秘面纱，深入浅出地讲述复杂的外交政策和经济问题。

C. 安德森①更是兴致勃勃一口气推出《长尾理论》②③《免费》《创客》④⑤ 等一系列描述网络时代景观的著作，人类社会合作创新机会从来没有像当今社会这样丰富，跨域合作的范围从来没有如此广阔无垠，软件可以开源，硬件可以开源，产权可以共享，多种形态的合作模式可以不断适应性地进

---

① （美）C. 安德森（Chris Anderson），自 2001 年起担任美国《连线》杂志（Wired）总编辑。在他的领导之下，《连线》杂志五度获得"美国国家杂志奖"（National Magazine Award）的提名，并在 2005 年获得"卓越杂志奖"（General Excellence）金奖。

② ［美］C. 安德森著，乔江涛译：《长尾理论》，中信出版社 2012 年版。

③ 《长尾理论》详细阐释了长尾的精华所在，指出商业和文化的未来不在于传统需求曲线上那个代表"畅销商品"的头部，而是那条代表"冷门商品"的经常被人遗忘的长尾。本书还揭示了长尾现象是如何从工业资本主义原动力——规模经济和范围经济——的矛盾中产生出来的。同时长尾理论转化为行动，最有力、最可操作的就是营销长尾，通过口碑营销，长尾理论将在不可能的情况下实现销售。营销长尾带来了可信任的、真实的、自然发展的、自下而上的、基层民主的意见，并最终影响到 21 世纪消费者的行为。

④ ［美］C. 安德森著，萧潇译：《创客》，中信出版社 2012 年版。

⑤ "创客运动"是让数字世界真正颠覆现实世界的助推器，是一种具有划时代意义的新浪潮，全球将实现全民创造，掀起新一轮工业革命。《创客》这本书讨论了全球最关注的领域——制造业，同时制造业的话题也越来越成为中国最关切的话题。从小的方面说，这本书涉及制造业的未来；从大的方面来说，这本书所谈及的话题和中国企业的生存息息相关。在这本书中，克里斯·安德森深入到新工业革命的前沿阵地，深入考察了创业者是如何使用开源设计和 3D 打印，将制造业搬上自家桌面的。在这个定制制造、"自己动手"设计产品、创新的时代，数以百万计发明家和爱好者的集体潜力即将喷薄而出，全球制造业将由此而掀开新的一页。安德森惊人地预测，随着数字设计与快速成型技术赋予每个人发明的能力，"创客"一代使用互联网的创新模式，必将成为下一次全球经济大潮的弄潮儿。

化，共同愿景居然成为人类识别合作伙伴的指标。更令人震撼的是互联网出现，源源不断地促生了各种支持跨域合作的新的技术，合作形态与合作组织可以开源，基于物联网、云计算、3D 打印、DIY 生产的硬件设施同样可以开源，世界关联的长尾已经延伸到人类想象力极目远望的尽头，这是一个新的世界，一个需要重新反思与重组我们文明架构的新的时代。

对于这种变化，D. 泰普斯科特①试图以《维基经济学》②③ 的框架予以概括，此后更加系统规范的理论总结更是汗牛充栋，人们从维基百科词典开放式的形成及演变机制中，

---

① ［加］D. 泰普斯科特，全球著名的新经济学家和商业策略大师，被誉为"数字经济之父"。他于 1992 年创办了新范式智库，研究突破性技术在生产率、商业效能、竞争力等方面的商业应用。他也是世界最受追捧的商业演讲人之一，《财富》500 强企业中超过半数的 CEO 们，曾聆听过他的演讲。其中包括许多重要人物，如美国前总统克林顿、IBM 总裁郭士纳、微软前总裁鲍尔默、Google 公司CEO 施密特等等。他的著作包括畅销书《数字经济蓝图》《数字化成长》等。

② 维基经济学的得名，缘于维基百科全书网站的巨大成功，它向世界证明：如果有一种方法充分利用组织里每一个人的智慧，它的能量将无比惊人！维基经济学所揭示的四个新法则——开放、对等、共享以及全球运作——正在取代一些旧的商业教条，许多成熟的传统公司正在从这种新的商务范式中受益。我们所熟知的企业如 Google、亚马孙、宝洁、IBM、乐高、英特尔、宝马、波音、百思买、Youtube、MySpace 等，都已经从维基经济中获得巨大的成功。《维基经济学》的结论源自 900 万美元的研究项目，素有"数字经济之父"美誉的新经济学家 D. 泰普斯科特向我们展示了个体力量的上升是如何改变商业社会的传统规则，这种利用大规模协作生产产品和提供服务的新方式，正颠覆我们对于传统知识创造模式的认识。面对变化激烈的未来，企业和个人必须要有远见，掌握维基技术，拥抱维基理念，是 21 世纪最重要的商业素质。

③ ［加］D. 泰普斯科特著，何帆译：《维基经济学》，中国青年出版社2007 年版。

看到未来世界的变化趋势和运行原理，泰普斯科特将其凝练为四个要点：开放、共享、对等、全球化。"开放"的意义无须赘述；"共享"体现了个体、组织与资源的新型关系，占有资源已经不是资源增值的最佳方式，组建优化的合作结构，通过创新开发新的更具竞争力的资源使用模式才是资源增值的最佳方式，其中的运作机制是淡化所有权，分享使用权；"对等"是一种非常值得关注的概念，互联网固然开放了合作机会，但是，每一个候选的专业节点是否值得别人关注，是否是一个具有比较优势的潜在合作伙伴，是否具有平等的良好界面，则是一个需要根据对等原则进行甄别事项，只有禀赋、资源、能力、价值观符合人们对等合作预期的候选者，只有那些能够为合作项目带来收益带来知识和能力增值的候选者，才有机会进入合作框架并展示其特定的能力。今天或未来，人们必须通过不断地自我教育和修炼，使自己具有更丰裕更具竞争力的禀赋，才有资格获取优质的合作机会；"全球化"意味着未来的合作不会局限于地域、国别或专业类型的限制，地球是平的，理论上讲合作创新的道路不设围栏不受禁锢，这是一个崭新的时代。

信息透明，重归部落

此前，我们已经讨论过合作的起源及其合作的约束及激励问题，合作者彼此间的信息不对称，往往会衍生合作过程中的投机行为并瓦解合作团队。因此，为了避免合作风险，人们喜欢在背景信息更充分的熟人中间选择合作伙伴，同时限制合作的地域或其他空间的专业的范围，避免因为信息缺失带来各种合作危机。

互联网以及正在日益兴起的大数据和智能计算技术，可以根据网络媒体、通讯记录和文本、传感设备、交易记录、行为的时空轨迹、社会网络与链接特征等数据，全方位分析社会成员的意向、行为、关联、互动规则、制度环境以及演变轨迹的信息，处于空前透明的状态，只要某个个体陷入被网络关注的状态，人肉搜索可以揭示其所有违背社会规范的言论和行为，从积极的意义上讲这是一种增强个人信用的技术。可以预期，随着互联网与大数据技术的开发，个人行为被全方位记录和分析的条件将会愈加成熟，由此，甚至可以构建起意向与行为的关联模型。人的行为不再是神秘的可掩饰研究对象，对每个人进行信用评估和预测也不是可望不可及的操作。从社会系统演变的角度讲，人类社会就像是重回部落社会，熟人社会，人们可以根据无可回避的名誉信息审视每个人是否具备合作和信任的资质。由此，在契约型合作或非契约合作中背叛承诺的风险将进一步降低，合作伙伴的选择将更加精准。

不仅如此，我们还可以预期，基于区块链的技术原理，人们可以像对待金融资源或金融交易过程那样，不可更改同时又易于公布查询地记录个人的行为和信用轨迹。人类将形成一种全新的行为模式，无论在有监督或无监督的情况下，人们都会充分理解自己行为的意义和后果，都会评估每一次行为可能带来机会成本和收益，基于社会规则的评价语监督机制渗透到社会过程的每一个细节，在道义上这种局面是否合乎争议可以另行讨论，但是从技术上讲这种趋势是能够预想。因此，跨域合作未必会增加监督成本或背叛风险，这种全新的范围更加广阔的合作，在技术上和行为规范的约束效率上都具有可行性。

开放的风险与滞后风险

从制度安排的角度分析，跨域合作肯定会带来合作事项中责任与权益划分的困难，会带来知识产权界定与分配的模糊性问题。针对知识创新的产权问题进行深入研究以便准确界定和维护产权，避免困难出现的各种争议，固然是不能完全放弃的思路，但是这种传统路径改变不了知识产权的内在属性及其界定维护过程的模糊性。

一方面社会需要放松知识产权确权过程的限定性要求和标准，增加科学共同体对各种非正式发布知识方式的确权能力，增加对创新过程贡献度评价的权威性；另一方面，通过科学共同体活动推进知识权益的自我意识及相互评价意识，使得知识权益的预期与科学共同体的行为和文化规则相互协调，避免过于频繁的争议和冲突。

更重要的观念需要合作团体形成共识，那就是与其纠结于注定难解难分的知识产权划分问题，不如改进创新机制，优化创新资源配置和制度环境，更快更有效更高品质的创新，这是开放环境中保持竞争优势更有效更可持续的模式。保持领先形成更大范围的技术垄断优势，就是做大分配基数，在技术日新月异的时代，这一问题比如何公正分配更重要。跨域合作需要观念变革的跟进。

人机融合：跨智能类型的合作

近年来，基于数据训练的机器学习极大促进了人工智能技术的发展，人工智能在规则明确复杂性有限的领域，已经表现出局部超越人类智能的趋势。加之人工智能在信息储量、计算速度等方面的传统优势，人们不得不思考一个新的问题：面对复杂世界和不断爆炸性增长数据，面对人类智能的局限性，人类是否需要或如何实现人机之间的智能融合？这种跨智能类型的知识创新是否能够克服人类或机器单独存在时的局限，人机融合能否更有效地探索未知世界，加快和改善我们社会知识创新的进程和效用。

机器学习可以说是人工智能与人脑合作的初级产物，未来世界的知识创新合作可能呈现人工智能与人脑智能的结合，机器学习的原理将展示人机智能融合的许多特征。

图 5-2　人机融合的合作模式

机器学习是一门多领域交叉学科，涉及概率论、统计学、逼近论、凸分析、算法复杂度理论等多门学科。专门研究计算机怎样模拟或实现人类的学习行为，以获取新的知识或技能，重新组织已有的知识结构使之不断改善自身的性能。其应用遍及人工智能的各个领域，它主要使用归纳、综合而不是演绎。机器学习算法可以分为三个大类 —— 监督学习、无监督学习和强化学习。监督学习，对训练有标签的数据有用，但是对于其他没有标签的数据，则需要预估。无监督学习，用于对无标签的数据集（数据没有预处理）的处理，需要挖掘其内在关系的时候。强化学习，介于两者之间，虽然没有精准的标签或者错误信息，但是对于每个可预测的步骤或者行为，会有某种形式的反馈。

目前这种初级的人工智能，大致实现了有限问题的自动智能推演。但是，与进化了几百万年的人类智能相比，它不具备常识判断从而自动简化或取舍计算过程的能力，它遵循人类预先设计的算法规则但是无法根据多变的场景自适应改进这种规则和行为逻辑，人类的智能是具身性质的，各种细微的感觉变化，各种与自身态势相关的价值权衡或情感响应能够及时准确地聚焦智能资源，进行有效智能活动，这些都是人工智能所缺乏的特征，基于规则框架的限定，人工智能处理不确定问题的能力十分有限，其预定的规则框架设计要适应复杂现实，框架就会发散失效；框架设计进行类型选择，许多现实场景它就无法处理。因此，人工智能要将其信息储量和计算速度的优势与人类情景判断的优势结合起来，这种优势就会超越单独智能类型的情况。人机融合的知识创新，其基本原理就在于此。

人机融合作为未来社会合作的最广泛形式，它的广度与深度都在伴随着科技的进步不断拓展。而与此相关的又一个问题就是人工智能通过机器学习在很多领域中的效率、速度还有创新都优于人类了，那么在未来，人工智能是否会取代人脑呢？这个问题非常类似于工业革命刚刚开始的年代。很多人恐惧于机器会取代人力。然而事实却是机器的广泛应用，把人类，尤其是人脑资源从以往许多重复性的劳动中解放了出来，让人脑有更多的空闲资源去创新、去探索未知的领域、去实现并且升级大脑的功能。就此而言，人工智能对于人脑也有类似的意义。所以并不存在什么人工智能取代人脑这样的问题，毕竟，我们每个人的大脑都是无可取代的。因此在谈到人工智能和人脑一起合作开创未来时，我们就必须得面对这样一个现实，那就是我们人脑升级、甚至进化的一个新方向，就是我们的人脑要和人工智能一起合作。

事实上，脑科学家在这方面早已经开始了自己的探索。比如近些年很火的脑机接口领域（ brain-computer interface，简称 BCI ）。科学家把人脑活动的各种实时信号提取出来，运用计算机识别、分析、处理，然后在运用到各种对人类有益有帮助的地方。在 2006 年 7 月份的《自然》杂志封面论文，就是一项联合了多个团队的研究工作。以美国麻省总医院为首的科学家把一片有 96 个微电极的神经信号采集阵列片，植入了一名四肢瘫痪的病人大脑的初级运动皮层中。通过计算机算法分析，并且实时解读这位病人大脑运动皮层的神经信号，可以让他用大脑信号直接控制鼠标、控制电视的遥控器换台，甚至他还可以控制一只机器手臂去拿取东西。科学家们也在论文里很兴奋地写到，在这位病人脊髓受伤瘫痪了 3 年后，在他想要做出不同的手部动作时，他大脑的运动皮层依然会有不同的神经信号发放模式。事实上，这种给人脑植入电极、通过简单的人工智能和机器学习来帮助人脑对外部物体实现自我功能的方式，可以被看作是人脑和人工智能互相训练的一个过程。人工智能通过不断学习、区分、优化人脑的信号来实现某种功能的执行，而人脑也需要通过人工智能的反馈来不断调整、学习、找到一个能实现大脑所想功能的最优方式。当然，这还只是人脑和人工智能合作的一个初级形式，有一些科研团队已经开始探索人脑和人工智能结合的更高级方式，比如拓展和训练人脑的感知觉功能、以及分析处理功能等等，人工智能依然处于不断进化的历史过程中。

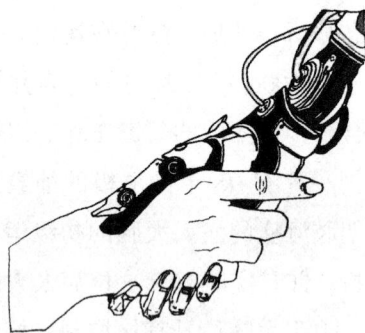

图 5-3

图 5-3 智能训练

图 5-4 人体合作中的智能训练

与此同时，我们也可以期待，人类自身的智能也会因为外挂智能体系的赋能机制而变得更加强大有效。随着哲学、心理学、认知科学、计算科学对知识形态做出更精准的刻画，人类对不同智能载体中知识本质和形式会有全新解读，人们会更加全面深刻地理解和把握人类与机器之间知识的分工与融合的机制，在技术路径、规则安排和道德约束等方面条件更加完备之时，人机融合的跨域知识创新将会更常态化，更有效，更安全。

第三篇

知识增值的测度

第六章
影响知识增值的力量

　　心里总是装着研究的问题，等待那最初的一线希望渐渐变成普照一切的光明。

——牛顿

　　若无某种大胆放肆的猜想，一般是不可能有知识的进展的。

——爱因斯坦

　　影响知识增值的力量很多，使得知识创新存在更多的不确定性，也使得我们对知识创新的结果很难去预测和判断。因此我们对知识增值的多种影响因素进行归纳总结，无论是障碍因素还是促进因素，都对其进行分析和辨别。首先，我们将借鉴心理学中创造力影响因素研究，对知识增值的影响因素进行挖掘和整理。从客观角度、主观角度及环境角度对知识障碍因素进行归纳分析，从个人与团队角度对知识增值促进因素进行全面系统的挖掘，分析各个因素在知识增值中具体作用，并根据因素的职能作用划分它们之间的关系。第二，运用总体结构等级分析的方法建立知识增值因素关系模型，通过邻接矩阵和可达矩阵确定因素之间的直接关系和间接关系进行定量化描述并进行等级划分，根据关系和等级，确定知识增值维度，即影响知识增值的三种力量：知识资本、人格特征、思维风格。最后，分析这三种力量在知识增值过程中的作用及相互关系①。

---

　　① 吴杨：《团队知识创新过程及其管理研究》，哈尔滨工业大学博士论文，2009 年。

6.1 障碍分析

知识增值影响因素包括障碍因素和促进因素，障碍因素分析可以为后续的促进因素分析和知识增值维度的确定奠定基础。知识增值的障碍系统包括主观障碍因素，客观障碍因素以及环境因素。主观障碍因为团队组织创新文化氛围缺失，或团队个人沟通不畅导致个人独占思想，不愿创新。客观因素障碍，如知识的隐性程度较高很难进行传递；成员知识积累不足或创造力不足；知识创新氛围不足，成员交流沟通不畅等。

主观障碍

团队成员缺少知识共享和知识创新的意愿。团队中成员对知识共享的意识程度影响着知识的创新速度。知识是个人长期积累的结果，知识积累的深厚与否和拥有者的经历、修养、知识层次、创新意识等因素有关。知识创新团队的成员一般由知识分子组成。有些成员习惯单兵作战不希望与人合作；有些成员只想独占不愿与人共享知识；有些成员并不想成为其学科领域内的专家，平时并不注重学习和积累，只是在需要解决临时科研问题或项目任务时才渴望学习与问题有关的知识；还有一些成员惯于自己通过学习、领悟和反思获得知识，并不渴望获取他人的果实。如果成员获得知识的困难程度越大，与他人共享知识的意愿也就越小，不愿与人分享其"劳动果实"的意愿是团队知识增值的重要障碍因素。

在知识创新活动中，创新主体的切身利益与创新效率是紧密相关的。知识对于群体而言，是知识创新主体和共同体的战略资源，其创新收益是保证知识创新的顺利完成的根本动力。对于知识创新主体而言，经济利益是实现人生目标和获得基本报酬的根本保障。然而在实际工作中，知识创新共同体组织制度不明确，奖励机制不合理，使得共同体或组织内部对知识创新主体自身知识所带来的实际收益很难掌控。而组织管理者单凭自己的主观意愿来评判每个知识创新主体的实际工作量，这样的评价体系因缺乏固定的标准而容易导致共享效率降低。因为新生性的知识创新成果的必然会削弱旧有知识创新主体的核心竞争力，所以知识创新主体出于自我保护、自我防范的利己心理，很难会与他人进行合作创新。当单个主体合作创新意愿不强，进而阻碍知识的迭代更新，最终导致创新停滞。因此奖励机制不能标准化、制度化，知识创新的收益度量困难这一现实要素会深化合作矛盾、加剧主体冲突。

图 6-1 创新的主观保护意识

客观障碍

隐性知识的隐性程度。隐性知识作为一种无形的信息资源，其自身的特质就决定了其自相矛盾的发展路线。隐性知识自身所具有的稀缺、内隐、难流通、不易传递等特质也在某种程度上限制了知识创新系统的正常运行。因此在创新过程中，隐性知识的内在特殊属性决定了主体间的冲突是会必然发生的。隐性知识主要是高度个人化的知识，通过不断学习形成了经验和专业技能并最终形成一种本能。隐性知识不仅隐含在团队内部的个人经验、诀窍及技巧之中，同时也融入了很多个别情境。隐性知识的特征是难于理解和难以用公式、数字和科学法则来表述，也很难用语言文字来表达，交流和转化的速度较慢而且成本很高。由上述隐性知识的特点可知，隐性知识的难以形式化、表达化，无法具体化等特征都造成了团队知识增值的障碍。

首先，隐性知识不易获取，具有不可替代性和稀缺性。隐性知识具有很强的专属性和专业性，一般情况下很难被代替。创新主体在知识创新的过程中所涉及的创新成果也同样具有稀缺性，这类知识创新成果都会伴随效益的产生，当所拥有的稀缺性成果与他人进行共享时，就可能会削弱自身预想中的既得利益，获取的收益也可能被他人所掠夺，创新行为所产生的利益让其排斥共享行为，因而创新主体不愿向他人共享和传递知识，以确保其对新知识和新成果的专有掌控，但这往往会阻碍知识的进一步创新，从而加剧原生知识创新主体和新生创新主体之间的冲突。

其次，隐性知识不易被人所吸纳理解，也很难用平时的语言所表达，因此很难进行顺利的转化。隐性知识的属性阻碍着创新主体之间的知识交流与分享，加剧了主体之间的冲突。即使每一个个体的共享意愿强烈，愿意把自己所掌握的信息和经验与大家进行交流，但是在隐性知识的表达上还是具有一定难度的，而且不易被其他团队成员所理解，这种隐性知识的表达和转化的门槛，也增加了创新主体间的冲突和矛盾。隐性知识通常都要经过反复沟通及多次流转，才能让双方信息的共享畅通无阻。这也说明密切的联系可以促进更多的知识交流，可以有助于知识需求者充分吸收隐性知识，并在理解的基础上创造出新的知识加以运用。

第三，隐性知识要求知识接收者有相应的认知水平。隐性知识的获取考察知识需求者的存储量水平、知识势差、消化和运用知识的能力。知识的内隐性不仅增加了知识供给者的难度，对于需求者的领悟、吸收、学习能力也提出了前所未有的挑战。

团队成员的知识积累有限。团队成员的知识积累和储备量本身不足。如果团队成员接受和领悟新知识所需时间较长，学习新知识的方法不当，会造成学习和获得知识的能力不强，速度较慢。团队成员的学习能力和知识消化能力对知识增值有着显著的影响。如果团队成员对于某领域较陌生，或没有较好的相关学科知识基础，那么知识积累速度就较慢知识增值能力则会较弱。团队成员的创造力不足，创造性思维不活跃。在遇到问题需要解决的时候，成员的创新思路较窄，发散性思维不够活跃，不能拓宽思路找到解决问题的新方法，使得团队成员创造力受到限制。

创新氛围不足。知识增值过程是一个复杂的过程。通过学习，团队成员经过反复的体会、反思、解读和练习才能真正把团队或他人的知识转化为自己的知识。团队中不同的文化背景和价值观给团队的共同学习和合作创新造成了一定的困难。团队没有营造一个共同学习，取长补短，共同创新的文化氛围，没有实现成员之间竞争—合作的并存的协同关系，使团队成员没有意识到学习和讨论是知识增值的重要途径。团队没有建立团队及其成员共同的愿景，团队成员之间缺乏了解，缺少集体凝聚力。成员间感情平淡，他们忽略了正式沟通和非正式的交流的作用。上级领导组的计划意图没有清晰地传达到基层工作组。团队成员没有明确团队的任务或目标。成员之间相互了解程度有限，也不确定彼此对知识需求取向。成员不容易了解自己的弱点，不能促进成员更快地互补。成员间缺乏理解，甚至产生了误解和冲突，影响了集体凝聚力。这些不良的环境氛围都造成了知识增值的障碍因素。

6.2 个体的作用

团队是若干成员为了同一个目标相互作用的整体，对团队知识增值进行因素分析，首先应先对个人知识增值进行因素分析。个人创新的因素主要有：个人知识积累、个人知识结构、创造性思维、动机和人格取向组成。

个人知识积累

个人知识积累反映了个人究竟拥有哪些知识，对知识的掌握程度以及各类知识之间的关联关系等。个人知识积累在知识增值的起始阶段发挥了关键性的作用，知识积累是知识在量上不断增加、在质上不断升华的具体体现。不论何人在进行创新时，都需要掌握一定的基础知识，包括创新领域中事物的本质和发展的基本规律、个人在实践中积累的经验以及创新所涉及的其他领域内的一些知识。知识积累和经验的总结是一个持续的过程，有时会无意识、无目的地去吸取，有时也会为了某种目的去刻意获取。由此可以看出知识增值是建立在足够的知识积累和丰富的经验积累的基础之上，拥有较渊博、深广的知识，才能形成良好的、具有优势的内在素质，使思维从一个维度向另一个维度转换，实现从一个领域向另一个领域的跨越，迸发出较大的创造力。已知的东西愈多，思考的范围就愈广泛，提出问题的角度就会愈新颖独特。知识积累是提出问题的最有效的途径，也是知识增值过程的出发点。所以，一个人要能够创造知识必须有一定的知识存量。

个人知识结构

个人知识结构对于知识增值有着深远的影响。个人知识结构一般分为三个不同层次，即基础层次、中间层次和最高层次，三个知识结构层次构成了个人知识结构的金字塔结构，如图6-1所示。基础层次是指必备的各种基础知识，这些知识不仅是将来的知识创新所必需的，而且是自身发展所不可缺少的。中间层次是一般的、系统的专业基本理论知识、专业基本技能及专业相关知识等，它因专业而异，但侧重于知识数量的丰富性，它是专业发展创新的基础和前提。最高层次则指专业上的最新成果、专门见解、学科边缘、攻坚方向、研究动态或自己独具特色的专业知识、个人经验、技术诀窍等。最高层次侧重于知识质量的开拓性，其中既有从课本资料上学到的丰富的显性知识，也有经过自己实践，或与同事交流，或经过知识内化而得到的各种隐性知识。合理的知识结构对知识增值有着很强的影响作用。第一，广阔的创新思路。团队成员遇到问题时，首先就要在头脑中形成解决问题的设想。知识面越广，掌握的越扎实，可提供的信息就越多，就能在短时间内迅速发散出许多思维结果来；第二，创新思维的灵活性。要使思维从一个方式向另一个方式转换，实现从一个领域向另一个领域的跨越，就必须以丰富的中间层次专业基础知识为先决条件。那么他才能够旁征博引，思维跨度越大，跳跃性越强，创新思维的灵活性就越大；第三，把握创新方向。团队成员掌握的知识深刻，专业化程度高，掌握的概念高度准确、联系性较强，新的观念容易产生，那么他的知识创造能力就越旺盛，同时，专业性的前沿知识的精尖程度也为知识创新方向的把握能力提供了专业的视角和敏锐的洞察力。所以，个人知识结构对于知识增值有着重要的影响。

创造性思维

创造性思维对于知识积累基础上的顿悟起到重要促进作用，是知识增值的重要因素。创造性思维是指人们把信息、知识加工处理变成思想、行动，实现创造性成果的意识活动，是大脑皮层区域不断地恢复联系和形成联系的过程，它是以感知、记忆、思考、联想、理解等能力为基础，以综合性、探索性和求新性为特点的心智活动[①]。知识增值要以丰富知识积累为基础，要以合理的知识结构为前提，但这些并不一定能够导致知识创新，个人必须要具有创造性思维才能实现这个过程。创造性思维是一个面临问题从艰苦思索到茅塞顿开的量变和质变交融渐进的过程，一切创新都是从问题开始的，问题是思维的起点，如何在问题解决中打破思维定式，进行创造性思维成为知识增值的关键。由于思维定式使人们熟练地运用以往的经验，驾轻就熟、快速地处理经验范围内的常规性的问题。但是，知识增值面临的经常问

---

① 周明星:《创造教育与挫折教育》，中国人事出版社 1999 年版。

题是超出经验范围的非常规问题，需要运用新的思路和办法创造性地加以解决，而创造性思维是对多种思维方法和逻辑模式的综合运用，它强调各种思维形式之间的相辅相成和交互作用。打破思维定式就是指思维主体善于从不同的角度和层次思考问题，它在认识客体面前，既是纵向思维和横向思维的融合，又是发散思维与收敛思维等多种方式的交织和统一。

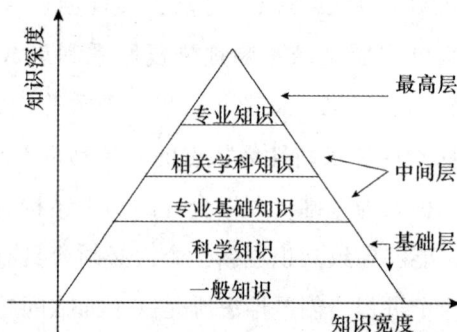

图6-2 个人知识结构构成

创新动机

创新动机是在需求刺激下直接推动人们活动的一种内部动力，是人们在活动中的一种自觉能动性、积极性的心理状态。动机是引导个体行为的驱动力量或刺激因素，通常情况下可划分为外在动机和内在动机两种。内在动机，指的是完成任务的首要动机是因为该任务是有趣的、能获得成就感的并具有挑战性的驱动力。外在动机，是指为了获得一些工作之外的东西而有产生的驱动力，比如完成任务所得的奖励。内在动机无疑更有益于创造力的发挥，外在动机在某些情况下也可变成有益因素。影响创造力的关键因素，不在于动机本身是内在的还是外在的，而在于动机以何种方式影响个体对目标的注意力。

知识创新或创造行为需要科研工作者对任务本身有着极大的兴趣和热情并投入大量脑力，如此才能在逆境或困境中另辟蹊径创造独特解决方案。个体产生的内在动机是个体被任务本身，而不是完成任务所能带来的外部产出所吸引并充满热情的一种激励状态。很多观点认为具有内在动机的个体倾向显示出更高水平的创新，也就是说内在动机能够激发创造力，这种观点已经得到了许多研究发现的支持。

人格取向

人格取向决定着创新过程中的个人知识创新时所面对的种种选择，它对个人的各种创新活动产生了深远的影响。斯滕伯格的投资理论着重强调了在创造过程中人格取向的重要性。他认为创造性个体需要拥有如下人格。面对障碍时的坚韧性；乐于承担适度的风险；具有超越自我的愿望；能够忍受模棱的状态；对新经验保持开放性；具有自信心和坚持个人信念的勇气。知识增值是一种与众不同的行为方式，存在着创新实质，包含着顿悟，创新结果存在偶然性，创新的过程经历风险和多向性。进行知识增值要求个人具有敏锐的洞察力、广泛的思维能力，对于开放的信息和解决问题的方法要有目的的寻找能力。知识增值的过程有时也是一个不被人理解的过程，在科学研究的创新过程中总会遭到众人非议或其他科研工作者的质疑，甚至谴责。需要个体必须拥有特定的人格取向和正确的心态，才能克服重重困境，得到最终的胜利。人格取向决定着创新过程中个人创新所面对的种种选择。所以，在知识创新的过程中个体应具备如下人格取向：第一，拥有良好的心理素质。保持高尚的理想和追求，充满乐观精神以及承受各种挫折和失败坚韧不拔的毅力；第二，有强烈的创新欲望和敏锐的洞察力。要有发现问题、积极探求的心理取向，是一种善于把握机会的敏锐性，一种积极改变自己、创造条件以解决问题的应变能力。良好的心理承受能力为在进行创新工作时克服种种困难提供了前提条件；敏锐的洞察力和创新欲望为扩展解决问题的思路和寻找创新的方法提供了保障。

6.3 团队的功效

团队通常是一群为数不多的员工。他们以项目为驱动，团队成员清楚地知道整个项目的总目标及其所必须完成的具体工作①。他们知识与技能互补、彼此承诺协作、保持相互负责的工作关系，是为完成某一共同目标的员工组成的特殊群体。成功的高效率的团队都有这样一些特征：第一，团队内所有成员对创新目标都很明确，并能全身心地投入；第二，情感、知识、思想交流沟通畅达，成员关系融洽；第三，知识增值的过程所有成员都能积极参与，并能贡献全部才智；第四，团队的成员构成具有多样性，注意技能互补，可根据目标任务的需要而增减；第五，团队成员不断进行多种渠道的知识更新和学习。根据团队的特征以及中外文献的实证分析，我们认为团队的知识增值受以下的因素的影响：成员构成、组织学习、成员沟通交流、组织创新文化氛围及外部

---

① G. Piccoli, R. Ahmad, B. Ives. *Knowledge Management in Academia：A ProposedFramework* ［J］. Information Technology and Management，2000，1（4）：229-245.

信息。

成员构成

成员构成可以用一句话概括：团队由什么样的一群人组成。合理的多元化的成员构成应包含两个重要方面。首先，成员来自不同学科领域的知识工作者有着不同专业广度；其次，不同资历或不同年龄层次的团队成员组成的老、中、青的创新梯队有着不同的经验和专业深度。知识创新的团队是拥有特殊性的群体，人员构成也越来越复杂。大多数团队的成员都是由不同层次的专家、学者、教师和研究生组成的，这些拥有高学历的知识成员大都来自不同的学科背景，有着不同的学习经历，或者有着不同的资历、专业深度和年龄差异。这些个体之间就必然存在着思想、兴趣、观点、做事方法和原则等差异，而这些差异越来越呈现多元化的特征。这种多元化的成员构成对知识增值有着重要的作用。不同专业领域的学者面对同一个有待解决的问题有着不同的思路和方法，这种多元化思维和技术方法在彼此交流、讨论、甚至争论时会产生思维的碰撞，彼此启发擦出创新的火花，相互借鉴、取长补短的成员构成对知识增值有着重要的作用；同时不同的资历背景和老、中、青的成员面对科研问题也有着各自的角色。资历较高或专业化程度较高成员不仅要进行科研创新性研究，也要传授自身的知识、经验、技能，启发年轻成员创新思路并指导其研究方向，鉴定他们提出各种创新方案的可行性，同时也从年轻一代的科研成员中学习更新的方法和技术。不同年龄层次的成员相互学习相互借鉴，扩展了资历高成员的思维空间，也避免了年轻成员走弯路浪费知识创新的时间。在每一个问题解决的同时，年轻的成员创造力日益活跃，知识增值能力不断地增强，为整个团队的后续知识创新积蓄力量。

组织学习

组织学习过程中学习获得的新价值、信息和知识等往往会触发组织产生新的行为，结果导致组织知识增值。知识增值与组织学习也是密切相关的，它们是互为因果的关系，有学习能力的团队更具知识创造力。在组织学习的过程中有新知识的产生，在知识增值的过程中也包含着组织学习的过程。通过学习，组织可以利用现存的知识生产出新知识，并且学习如何创新。Althoff[①] 等提出出于目的性学习，组织学习导致团队战略性获取相关知识比个人或一般团体更快，假如可用的知识并不能很好地满足当前的需要，团队学习就更能够显示出优势。知识来源于学习，尤其是对于改变人们思维模

① K. D. Althoff, F. Bomarius, C. Tautz. *Knowledge Management for Building Learning Software Organizations* [J]. Information Systems Frontiers, 2000, 2 (3): 349-367.

式的学习更为重要。因为个人、团队的思维模式制约着对事物的认识，需要通过学习来改变、进化它，才能不断地吸收新的知识与信息，进而增强知识增值能力。作为团队学习并不是单纯地强调正式的院校教育，而是从创新活动的实践中学，即所谓的"干中学"和"用中学"。组织学习成为团队知识创新的有效机制。通过不断反复和不断体验的学习，组织能够发现新的发展机会，获得更强的创造力。

成员沟通交流

成员的沟通交流程度与团队氛围也有密切的联系，开放、舒适的团队氛围将促进沟通交流，进而提高创造力。有效的沟通交流能够有效促进知识增值的速度，形成团队文化与凝聚力，避免人才流失造成的知识断层。拥有知识的个人具有垄断和独占心理，一般不愿将其所掌握的诀窍、经验和技巧提供给别人。这主要是因为担心别人学了他的"绝招"，自己将失去这一技术的竞争优势，从而失去隐性知识带来的优越感和某些特殊利益。个人对自己拥有知识特权的独占心理导致了隐性知识难以转移和共享。个人之间的人际关系影响隐性知识的交流，接受者和传授者的个人关系较好，二者就越能产生默契，在知识共享上的效果就越好。首先，沟通管理加速新知识的产生，提升成员获取知识的效率。其次，沟通是知识传递和共享的基础，缩短了知识的积累和存储时间。

第三，沟通能形成有利于形成团队文化与凝聚力。第四，沟通降低人才流失造成的知识断层，实现了科研人才资源的可持续发展。

组织创新文化氛围

组织创新氛围是团队知识增值的催化剂，可以整合团队的各种资源和力量。团队知识增值是集体行为，而组织文化就是整合这种集体行为的力量，即形成共同价值体系、共同团队目标及愿景。组织创新氛围可以被看作是知识在整个组织创新过程中的非正式配置方式。为了在创新过程中实现"通过创造知识来创造价值"的创新目标。组织创新文化氛围是已存在于成员的头脑中，很难被意识到的一种共识—价值观、责任感、团队目标、远景及规章制度、行为准则等。组织创新文化氛围的具体内容包括：尊重个人的思想独立性和学习自主性；允许一定程度的创新失败，并鼓励在失败中吸取经验教训；建立学习团队，并鼓励知识分享；建立成员之间的信任和友情，强调团队合作精神；将知识普及化，为每个成员都提供吸收新知识的时间。组织创新氛围可以视为团队彼此合作竞争共同完成任务的结果或产物。组织创新文化氛围形成了有利于成员成长的氛围，形成了集体凝聚力，促使团员间积极地进行知识共享和转化，共同为团队目标而合作攻关，使团队成员建立彼此尊重和信任的深厚感情等等。

组织创新氛围成为知识增值每个过程中催化剂，促进了创新各个阶段的顺利完成，最终加速知识增值的实现。

外部信息

外部信息输入是团队内部知识资本的重要补充，Bwadne指出了由于获取信息而有准备的重要性。越多的信息被吸收，就会有越多意想不到的事件发生和被认可、利用。同时，所要获取的信息不必与手头正做的工作或正要解决的问题十分相关。与此相反，与当前工作明显不相关的信息对于主要概念上的突破更为重要。Bwaden提倡浏览各种信息来源，以获取灵感以及意外地发现更多新的信息。团队的外部信息也是团队及其成员进行创新的动机来源之一，根据外部信息的需求，团队可以规划知识创新方向，并制定创新计划，为知识增值输入能量源泉。

6.4 知识增值维度的形成

在前文中我们对知识增值因素进行归纳，包括个体的知识增值作用分析和团队的知识增值功效分析，这些因素都从不同方面对知识增值起到促进作用。但这些促进因素较多，不易作为知识增值的特性参数进行分析，我们将这些因素关系进行界定和整理，运用总体结构等级分析法，对各个因素之间的直接关系和间接关系进行分析，建立知识增值的维度模型，这些维度将作为知识增值过程的数学描述的参数变量，对知识增值特性进行定量研究。

总体结构等级分析法是以图论中的关联矩阵原理分析复杂系统的整体结构，明确系统内各要素之间的关系，并将复杂系统分解为多级递阶的等级结构。这种分析方法通过关联矩阵的运算，对复杂系统中不易确定的潜在关系予以定性分析，为定量描述提供依据。

知识增值因素关系模型的建立

建立知识增值因素关系模型主要用来描述知识增值的因素之间的相互关系，根据对知识创新因素的概念理解、文献分析以及专家访谈，我们对知识增值因素之间建立因果关系，即某一因素对另一因素有直接影响作用或某一因素的效果是由于另一因素的作用而影响，两个因素间被定义为因果关系。个人知识积累形成了知识结构，知识结构和外部信息丰富了个人的知识积累；个人知识积累丰富程度影响个人知识增值的欲望以及创造性的思维，而人格结构、创新动机和创造性思维也促使团队成员寻找相关专业知识和创新技能；个人知识积累丰富使得团队组织学习的内容更加丰富。个人的知识

结构促进组织学习，建立创造性思维框架；而人格取向决定
个人成长过程中的学习偏好，决定了知识结构。很多因素激
励个人创新动机，并促进创造性思维的形成，如发散的创造
性思维、敏感的人格取向、多样化的成员构成、频繁的组织
学习和沟通交流、创新文化氛围以及有用的外部信息和需求
等都能激起成员知识增值的欲望和创造性思维的进行。而组
织学习、沟通交流和组织创新文化氛围等因素相互作用的同
时，也被多样的成员构成因素影响。因为多样化的成员构成
形成团队不同的思维、观点、创新方式和兴趣，在交流学习
时能够产生共鸣，可以促进创新，但过多的差异性也能产生
矛盾，影响学习交流。根据因素之间的关系，我们建立了知
识增值因素关系模型，如图 6-3 所示。

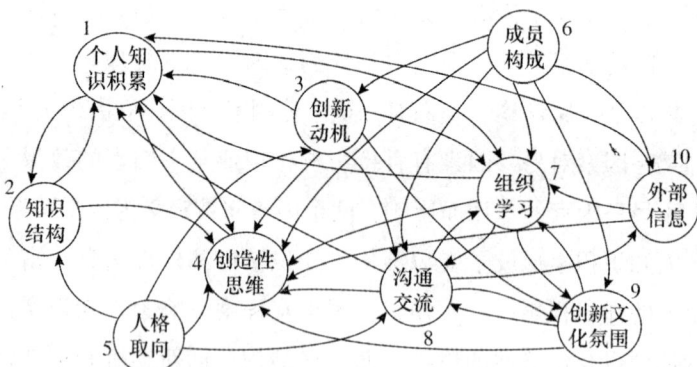

图 6-3　知识增值因素关系模型

知识增值因素关系模型是由一些节点和支路组成，节点为各个因素，带有箭头的支路为因素间的影响关系。箭头起点为产生直接影响的因素，箭头终点为直接受到影响的因素。没有箭头连接的因素，或许存在间接因果关系，或者相互没有影响。这种直接影响与间接影响，可用邻接矩阵和可达矩阵进行定量化描述。

1）邻接矩阵用来表示有向图中各相邻要素之间直接影响的矩阵为邻接矩阵，矩阵中相关邻接二要素可由二值关系 R 予以定义。先设矩阵中行元素为 S_i，列元素为 S_j，则

$$\begin{cases} S_iRS_j=1 & S_i \text{和} S_j \text{存在直接影响关系} \\ S_iRS_j=0 & S_i \text{和} S_j \text{不存在直接影响关系} \end{cases} \qquad (3-1)$$

根据图 3-3 知识增值因素关系的有向图构造邻接矩阵 M，根据矩阵 M 可以分析 S_i 和 S_j 之间的关系，如，$S_iRS_j=1$；$S_jRS_i=0$，即 $S_i \to S_j$ 是可达的，而 $S_j \to S_i$ 是不可达的。S_j 不从属于 S_i，S_i 从属于 S_j。如 $S_{10}RS_1=1$，$S_1RS_{10}=0$ 即：因素 10 "外部信息" 可以增加因素 1 "个人知识积累" 的积累量和积累速度，而因素 1 "个人知识积累" 没有直接影响因素 10 "外部信息"；如果 $S_iRS_j=1$，$S_jRS_i=1$ 即 S_i 和 S_j 之间是相互从属的，这种有循环状态的从属关系称为二要素的强联结，如 $S_3RS_4=1$，$S_4RS_3=1$，即：因素 3 "创造性思维" 与因素 4 "创新动机" 相互之间彼此促进，为二要素的强联结。由此，可以联想到运用二值关系的传递律，$S_iRS_j=1$，$S_jRS_k=1$，则

$S_i RS_k = 1$。这说明 S_i 从属于 S_j，且 S_j 从属于 S_k，所以 S_i 也应从属于 S_k，如 $S_6 RS_8 = 1$，$S_8 RS_1 = 1$，那么 S_6 也影响 S_1，即因素 6 "团队成员构成" 直接影响因素 8 "成员的沟通交流" 的积极性和主动性，而因素 8 "成员的沟通交流" 直接导致因素 1 "个人知识积累" 的速度和程度，进而因素 6 "团队成员构成" 也影响因素 1 "个人知识积累"。但从矩阵 M 中要素之间的关系来分析，M 中所表示的只是各要素之间的直接关系，未表明它们的间接关系，这就要进一步通过可达矩阵求出。

$$
A = \begin{array}{c c}
 & \begin{array}{c c c c c c c c c c} 1 & 2 & 3 & 4 & 5 & 6 & 7 & 8 & 9 & 10 \end{array} \\
\begin{array}{c} 1 \\ 2 \\ 3 \\ 4 \\ 5 \\ 6 \\ 7 \\ 8 \\ 9 \\ 10 \end{array} &
\left[\begin{array}{c c c c c c c c c c}
0 & 1 & 0 & 1 & 0 & 0 & 1 & 0 & 0 & 0 \\
1 & 0 & 0 & 1 & 0 & 0 & 0 & 0 & 0 & 0 \\
1 & 0 & 0 & 1 & 0 & 0 & 1 & 1 & 1 & 0 \\
1 & 0 & 0 & 0 & 0 & 0 & 0 & 0 & 0 & 0 \\
1 & 1 & 1 & 1 & 0 & 0 & 0 & 1 & 0 & 0 \\
0 & 0 & 1 & 1 & 0 & 0 & 1 & 1 & 1 & 1 \\
1 & 0 & 0 & 1 & 0 & 0 & 0 & 1 & 1 & 0 \\
1 & 0 & 0 & 1 & 0 & 0 & 1 & 0 & 1 & 1 \\
0 & 0 & 0 & 1 & 0 & 0 & 1 & 1 & 0 & 0 \\
1 & 0 & 0 & 1 & 0 & 0 & 1 & 0 & 0 & 0
\end{array} \right] +
\end{array}
$$

$$\begin{bmatrix} 1 & 0 & 0 & 0 & 0 & 0 & 0 & 0 & 0 & 0 \\ 0 & 1 & 0 & 0 & 0 & 0 & 0 & 0 & 0 & 0 \\ 0 & 0 & 1 & 0 & 0 & 0 & 0 & 0 & 0 & 0 \\ 0 & 0 & 0 & 1 & 0 & 0 & 0 & 0 & 0 & 0 \\ 0 & 0 & 0 & 0 & 1 & 0 & 0 & 0 & 0 & 0 \\ 0 & 0 & 0 & 0 & 0 & 1 & 0 & 0 & 0 & 0 \\ 0 & 0 & 0 & 0 & 0 & 0 & 1 & 0 & 0 & 0 \\ 0 & 0 & 0 & 0 & 0 & 0 & 0 & 1 & 0 & 0 \\ 0 & 0 & 0 & 0 & 0 & 0 & 0 & 0 & 1 & 0 \\ 0 & 0 & 0 & 0 & 0 & 0 & 0 & 0 & 0 & 1 \end{bmatrix}$$

	1	2	3	4	5	6	7	8	9	10
1	1	1	0	1	0	0	1	0	0	0
2	1	1	0	1	0	0	0	0	0	0
3	1	0	1	1	0	0	1	1	1	0
4	1	0	0	1	0	0	0	0	0	0
= 5	1	1	1	1	1	0	0	1	0	0
6	0	0	1	1	0	1	1	1	1	1
7	1	0	0	1	0	0	1	1	1	0
8	1	0	0	1	0	0	1	1	1	1
9	0	0	0	1	0	0	1	1	1	0
10	1	0	0	1	0	0	1	0	0	1

2）可达矩阵是用矩阵形式表示有向图中各节点之间通过一定路径可以到达（即间接影响）的程度。可达矩阵可用邻接矩阵加上单位矩阵，再经过若干次运算后求出。邻接矩阵（M）加上单位矩阵（I）形成新矩阵 A，得出 $A = M + I$。

A 矩阵中 $a_{ij} = 1$ 的表明从相应节点 S_i 到节点 S_j；有一条直接到达的路径，是 A 矩阵还不是所要求得的可达矩阵，只有当依次运算到 $(M + I)^1 \times (M + I)^2 \times (M + I)^3 \times \cdots (M + I)^{r-1} = (M + I)^r$。则矩阵 $(M + I)^{r-1}$ 即为可达矩阵 R。

R 矩阵中元素 r_{ij} 为 1 者，表示相应节点可以有多至 $r - 1$ 条路径可到达。R 也是布尔矩阵，为 $n \times n$ 方阵。按上式演算，求出可达矩阵。应指出以下运算均为布尔运算，即 $0 + 0 = 0$，$0 + 1 = 1$，$1 + 1 = 1$，$0 \times 0 = 0$，$1 \times 0 = 0$，$1 \times 1 = 1$，运用 Matlab 编程运算得到以下矩阵。

$$(M+I)^2 = \begin{bmatrix} 1 & 1 & 0 & 1 & 0 & 0 & 1 & 1 & 1 & 0 \\ 1 & 1 & 0 & 1 & 0 & 0 & 1 & 0 & 0 & 0 \\ 1 & 1 & 1 & 1 & 0 & 0 & 1 & 1 & 1 & 1 \\ 1 & 1 & 0 & 1 & 0 & 0 & 0 & 0 & 0 & 0 \\ 1 & 1 & 1 & 1 & 1 & 0 & 1 & 1 & 1 & 1 \\ 1 & 0 & 1 & 1 & 0 & 1 & 1 & 1 & 1 & 1 \\ 1 & 1 & 0 & 1 & 0 & 0 & 1 & 1 & 1 & 1 \\ 1 & 1 & 0 & 1 & 0 & 0 & 1 & 1 & 1 & 1 \\ 1 & 0 & 0 & 1 & 0 & 0 & 1 & 1 & 1 & 1 \\ 1 & 1 & 0 & 1 & 0 & 0 & 1 & 1 & 1 & 1 \end{bmatrix}$$

$$(M+I)^3 = \begin{bmatrix} 1 & 1 & 0 & 1 & 0 & 0 & 1 & 1 & 1 & 1 \\ 1 & 1 & 0 & 1 & 0 & 0 & 1 & 1 & 1 & 0 \\ 1 & 1 & 1 & 1 & 0 & 0 & 1 & 1 & 1 & 1 \\ 1 & 1 & 0 & 1 & 0 & 0 & 1 & 1 & 1 & 0 \\ 1 & 1 & 1 & 1 & 1 & 0 & 1 & 1 & 1 & 1 \\ 1 & 1 & 1 & 1 & 0 & 1 & 1 & 1 & 1 & 1 \\ 1 & 1 & 0 & 1 & 0 & 0 & 1 & 1 & 1 & 1 \\ 1 & 1 & 0 & 1 & 0 & 0 & 1 & 1 & 1 & 1 \\ 1 & 1 & 0 & 1 & 0 & 0 & 1 & 1 & 1 & 1 \\ 1 & 1 & 0 & 1 & 0 & 0 & 1 & 1 & 1 & 1 \end{bmatrix}$$

$$(M+I)^4 = \begin{bmatrix} 1 & 1 & 0 & 1 & 0 & 0 & 1 & 1 & 1 & 1 \\ 1 & 1 & 0 & 1 & 0 & 0 & 1 & 1 & 1 & 1 \\ 1 & 1 & 1 & 1 & 0 & 0 & 1 & 1 & 1 & 1 \\ 1 & 1 & 0 & 1 & 0 & 0 & 1 & 1 & 1 & 1 \\ 1 & 1 & 1 & 1 & 1 & 0 & 1 & 1 & 1 & 1 \\ 1 & 1 & 1 & 1 & 0 & 1 & 1 & 1 & 1 & 1 \\ 1 & 1 & 0 & 1 & 0 & 0 & 1 & 1 & 1 & 1 \\ 1 & 1 & 0 & 1 & 0 & 0 & 1 & 1 & 1 & 1 \\ 1 & 1 & 0 & 1 & 0 & 0 & 1 & 1 & 1 & 1 \\ 1 & 1 & 0 & 1 & 0 & 0 & 1 & 1 & 1 & 1 \end{bmatrix}$$

$$(M+I)^5 = \begin{bmatrix} 1 & 1 & 0 & 1 & 0 & 0 & 1 & 1 & 1 & 1 \\ 1 & 1 & 0 & 1 & 0 & 0 & 1 & 1 & 1 & 1 \\ 1 & 1 & 1 & 1 & 0 & 0 & 1 & 1 & 1 & 1 \\ 1 & 1 & 0 & 1 & 0 & 0 & 1 & 1 & 1 & 1 \\ 1 & 1 & 1 & 1 & 1 & 0 & 1 & 1 & 1 & 1 \\ 1 & 1 & 1 & 0 & 0 & 1 & 1 & 1 & 1 & 1 \\ 1 & 1 & 0 & 1 & 0 & 0 & 1 & 1 & 1 & 1 \\ 1 & 1 & 0 & 1 & 0 & 0 & 1 & 1 & 1 & 1 \\ 1 & 1 & 0 & 1 & 0 & 0 & 1 & 1 & 1 & 1 \\ 1 & 1 & 0 & 1 & 0 & 0 & 1 & 1 & 1 & 1 \end{bmatrix}$$

由于 $(M+I)^5$ 的计算结果与 $(M+I)^4$ 的计算结果相同，说明再计算下去已无实际意义，因此，$(M+I)^4$ 就是反映总体结构关系的可达矩阵 R，矩阵中 " $*$ " 号是原矩阵 $(M+I)$ 中所没有的，它反映出要素之间的间接关系。

$$(M+I)^5 = \begin{bmatrix} 1 & 1 & 0 & 1 & 0 & 0 & 1 & 1^* & 1^* & 1^* \\ 1 & 1 & 0 & 1 & 0 & 0 & 1 & 1^* & 1^* & 1^* \\ 1 & 1^* & 1 & 1 & 0 & 0 & 1^* & 1^* & 1^* & 1^* \\ 1 & 1^* & 0 & 1 & 0 & 0 & 1 & 1^* & 1^* & 1^* \\ 1 & 1 & 1 & 1 & 1 & 0 & 1^* & 1 & 1^* & 1^* \\ 1^* & 1^* & 1 & 1 & 0 & 1 & 1 & 1 & 1 & 1 \\ 1 & 1 & 0 & 1 & 0 & 0 & 1 & 1 & 1 & 1^* \\ 1 & 1^* & 0 & 1 & 0 & 0 & 1 & 1 & 1 & 1 \\ 1^* & 1^* & 0 & 1 & 0 & 0 & 1 & 1 & 1 & 1^* \\ 1 & 1 & 0 & 1 & 0 & 0 & 1 & 1^* & 1^* & 1^* \end{bmatrix}$$

知识增值因素关系等级划分

知识增值因素关系等级划分求出可达矩阵 R 以后，下一步工作就是明确系统结构的等级。这时应将矩阵 R 组成两个子集合：首先，对每一个要素 S_j 来说，将可能到达的一切有关要素汇集成一个集合，称它为 S_i 的可达集合 $R(S_i)$；其次，再将所有可能到达 S_i 的要素汇集成另一个集合，称它为 S_i 的前因集合 $A(S_i)$。从可达矩阵 R 中能比较容易地得出这两个子集合。顺着可达矩阵 R 的各行横向观察，凡是元素为 1 的列所对应的要素都在 $R(S_i)$ 子集合内。再顺着可达矩阵 R 的各列竖向观察，凡是元素为 1 的行所对应的要素都在 $A(S_i)$ 之中。本例中各要素的 $R(S_i)$ 和 $A(S_i)$ 见表6-1。

表6-1　系统结构等级的初次划分结果

S_i	$R(S_i)$	$A(S_i)$	$R(S_i) \cap A(S_i)$
1	1,2,3,4,7,8,9,10	1,2,3,4,5,6,7,8,9,10	1,2,3,4,7,8,9,10
2	1,2,3,4,7,8,9,10	1,2,3,4,5,6,7,8,9,10	1,2,3,4,7,8,9,10
3	1,2,3,4,7,8,9,10	3,5,6	3
4	1,2,3,4,7,8,9,10	1,2,3,4,5,6,7,8,9,10	1,2,3,4,7,8,9,10
5	1,2,3,4,5,7,8,9,10	5	5
6	1,2,3,4,6,7,8,9,10	6	6
7	1,2,3,4,7,8,9,10	1,2,3,4,5,6,7,8,9,10	1,2,3,4,7,8,9,10
8	1,2,3,4,7,8,9,10	1,2,3,4,5,6,7,8,9,10	1,2,3,4,7,8,9,10
9	1,2,3,4,7,8,9,10	1,2,3,4,5,6,7,8,9,10	1,2,3,4,7,8,9,10
10	1,2,3,4,7,8,9,10	1,2,3,4,5,6,7,8,9,10	1,2,3,4,7,8,9,10

在一个多级结构的最上位等级的要素，再没有更高级的要素可以到达，所以它的可达集合 $R(S_i)$ 中只能包括它自身和与它同级的某些强联结要素。这个最上位等级的要素的前因集合 $A(S_i)$，则包括它自身以及可到达它的下级各要素。这样，表 3-1 中 $R(S_i)$ 与 $A(S_i)$ 的交集对最上位等级的要素来说，就和它的 $R(S_i)$ 是相同的。这样 S_i 为最上位等级要素的条件为：$R(S_i) \cap A(S_i) = R(S_i)$ 得出最上位等级要素后，可把它从表中划掉，再用同样方法求得下一级的各要素，这样一直做下去，便可一级一级地把各要素按等级划分出来。在本例中表 3-1 中，$R(S_i) \cap A(S_i) = R(S_i)$ 的有 S_1，S_2，S_4，S_7，S_8，S_9，S_{10}，因此要素 S_1，S_2，S_4，S_7，S_8，S_9，S_{10} 是本系统的最上位等级的元素集合。从表中划掉这些元素，而得出表 6-2。

表 6-2　系统结构等级的最终划分结果

S_i	$R(S_i)$	$A(S_i)$	$R(S_i) \cap A(S_i)$
5	5	5	5
6	6	6	6

表 3-3 中 $R(S_i) \cap A(S_i)$　$R(S_i)$ 的有 S_5 和 S_6，则选 S_5 和 S_6 作为本系统的第二等级的要素集合。划掉表中第五行、第六行，它就成为本例系统结构的最下位的要素。根据以上结果，原来的集合 $S = (S_1$，S_2，S_3，S_4，S_5，S_6，S_7，S_8，S_9，

S_{10}）被等级划分为 $S=(S_1$，S_2，S_9，S_{10}，S_7，S_8，S_4，S_3，S_5，S_6），它的可达矩阵 R 的各元素的新的排列顺序如下。

$$
\begin{array}{c}
\quad\quad 1\ \ 2\ \ 9\ \ 10\ \ 7\ \ 8\ \ 4\ \ \ 3\ \ 5\ \ 6 \\
R=
\begin{array}{c}
1 \\ 2 \\ 9 \\ 10 \\ 7 \\ 8 \\ 4 \\ 3 \\ 5 \\ 6
\end{array}
\left[
\begin{array}{ccccccc|ccc}
1 & 1 & 1^* & 1^* & 1 & 1^* & 1 & 0 & 0 & 0 \\
1 & 1 & 1^* & 1^* & 1 & 1^* & 1^* & 0 & 0 & 0 \\
1^* & 1^* & 1 & 1^* & 1 & 1 & 1 & 0 & 0 & 0 \\
1 & 1^* & 1^* & 1 & 1 & 1^* & 1 & 0 & 0 & 0 \\
1 & 1 & 1 & 1^* & 1 & 1 & 1 & 0 & 0 & 0 \\
1 & 1^* & 1 & 1 & 1 & 1 & 1 & 0 & 0 & 0 \\
1 & 1^* & 1^* & 1^* & 1^* & 1^* & 1 & 0 & 0 & 0 \\
1 & 1^* & 1^* & 1^* & 1^* & 1^* & 1 & 1 & 0 & 0 \\
1 & 1 & 1^* & 1^* & 1^* & 1 & 1 & 1 & 1 & 0 \\
1^* & 1^* & 1 & 1 & 1 & 1 & 1 & 1 & 0 & 1
\end{array}
\right]
\end{array}
$$

　　知识增值因素等级结构图根据等级划分的结果，可以绘制知识增值因素的多级递阶结构图，如图3-4所示。第一级为 $S=(S_1$，S_2，S_9，S_{10}，S_7，S_8，$S_4)$，第二级为 $S=(S_3$，S_5，$S_6)$。从新的可达矩阵 R 我们可以得到各个因素之间的关系图，第一级的所有因素 S_1，S_2，S_9，S_{10}，S_7，S_8，S_4 之间产生了直接的影响，彼此促进，二级中的因素 S_5，S_6 之间没有直接影响，而因素 S_5、S_6 影响因素 S_3，其他因素对它们也没有产生影响，而他们对第一级的各个因素产生了直接的影响作用。这种情况正符合我们前面因素分析的情况，因素 S_3，S_5，S_6 分别为因素"创新动机""人格特性"和"成员构成"，这几个因素可以直接或间接影响知识增值的其他因素，而其他因素却很难影响他们，因为人格特性的形成是在成员成长的整个过程，很难在创新的过程中加以改变，而成员构成也是团队知识创新的客观因素，除了任务需求或创新方向的改变，一般情况下，其他因素很难影响成员构成的整个布局。

从结构图 6-4 中我们可以看到第一级为 $S = (S_1, S_2, S_9, S_{10}, S_7, S_8, S_4)$，第二级为 $S = (S_3, S_5, S_6)$。那么在下面的维度分析中，我们将第二级因素创新动机、人格特性和成员

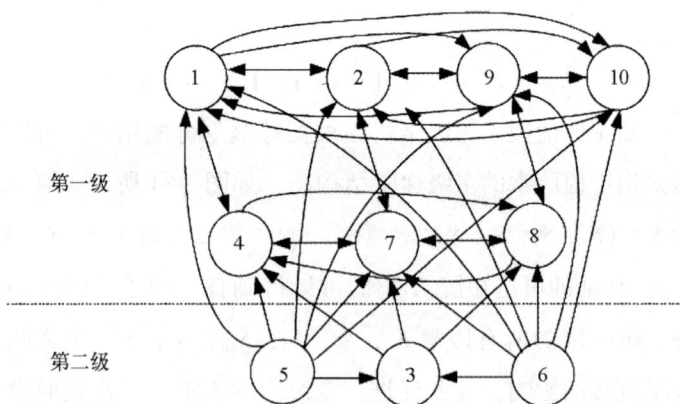

图 6-4　知识增值因素等级结构图

构成归纳为一个维度，团队知识增值的人格特性。第一级的因素组成较多，不易归纳为一个维度，我们将第一级分为两个维度，由于 S_1，S_2，S_9，S_{10} 分别为因素"个人知识积累"、"个人知识结构"、"组织创新文化"和"外部信息"，这些因素都属于团队的知识资本，对于团队知识创新都起到了知识库的基础作用。S_7，S_8，S_4 分别为因素"组织学习"，"成员沟通交流"和"创造性思维"，这些因素是团队知识增值的思维风格，集体创新的思维方式可以共同学习、交流沟通，甚至是进行头脑风暴似的小组讨论，或者成员各自进行创造性思维，最终集合其创造性思维，进行集体创新，如图 6-5 所示。

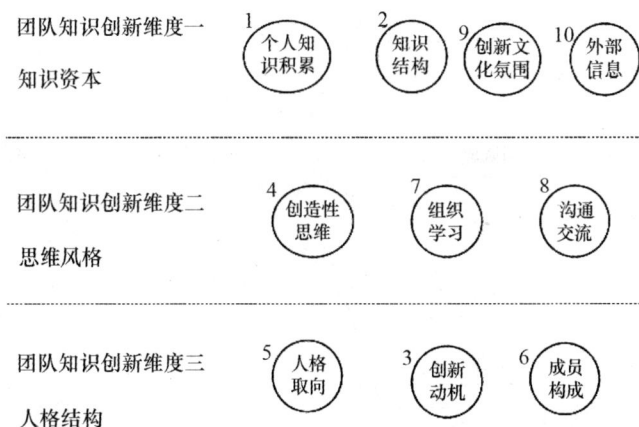

团队知识创新维度一
知识资本

团队知识创新维度二
思维风格

团队知识创新维度三
人格结构

图 6-5　知识增值维度的初步等级图

知识增值维度确定

通过建立知识增值因素关系模型并对知识增值 10 个因素进行关系等级划分，本文将这 10 个因素归纳概括为与知识增值直接相关的三个维度，他们分别是知识资本、思维风格和人格结构。如图 6-6 所示。

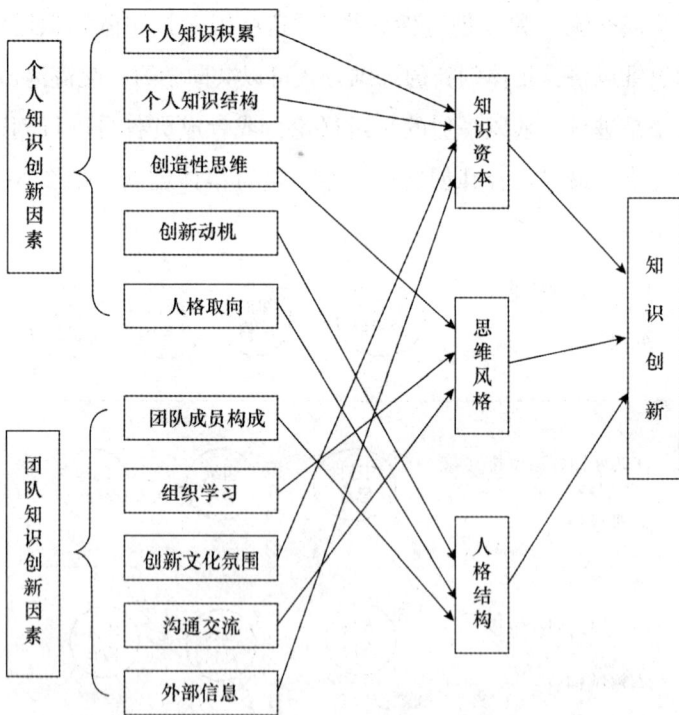

图 6-6　知识增值的维度

知识资本维度

个人知识积累、个人知识结构、组织文化和外部信息构成了团队知识增值的团队知识资本维度。团队知识资本指团队所有成员的知识组合情况。知识资本维度成为知识增值的必要条件。每个团队都有自己的理论系统，这是从事知识创新的主体都应具备的。团队的知识资本是团队知识增值的基础，其知识积累越丰富实现知识创新的可能性就越大。不同成员的个人知识积累构成了知识增值中知识资本的基础。个人的知识结构和外部信息构成完善了知识资本的层次结构及广度和深度，组织文化使知识资本不停地传递和增值。团队知识增值必须首先拥有一定的知识积累才能创造知识，因为知识增值是在对现有知识的运用中发现、积累新知识的过程。因此，现有知识存量对知识增值能力的影响至关重要。

团队是指由具有相同目的，为完成相同任务的人组成的团体。团队中的个人，由于共同的业绩目标，在相互协作和配合的过程中，逐渐具有了团队所特有的知识体系，团队知识资本表现为团队整体的认知模式和行为方式。具体体现在三个方面：一是以人为载体的知识，这类知识依附于人的大脑之中，具有经验的特性。团队成员头脑中形成创新的设想。知识面越广，掌握的越扎实，可提供的信息就越多，就能在短时间内迅速发散出许多思维结果来；二是以物为载体的知识和外部信息，这类知识可以编码、传递，主要体现为技术知识。这类知识在知识增值过程中提供实际操作性的服务，并为下一次的知识创新循环提供着记录和数据；三是团队文化，如共同原景、主导思维模式、集体价值观等，也体现为规则、惯例和管理模式，这类知识可使团队的知识增值过程安全、有序、高质量地运转这类知识能带动团队成员的相互交流，加深彼此感情，保障知识创新的环境和氛围。这三方面知识资本是团队知识增值的重要维度，随着团队成员的相互交流以及知识的创新而处于流动状态。

思维风格维度

个人的创造性思维、组织学习和沟通形成了团队知识增值的思维风格维度。斯腾伯格认为思维风格维度一般指智力活动的风格或倾向性，如整体或局部、保守或创新等，他提出的心智自我管理的理论来解释思维风格，认为创造性的人具有立法型思维风格，他们乐于准确地阐释问题，乐于创造新的规则系统，乐于以新的方式看待事物①。不同成员通过创造性思维和创新动机形成了思维风格，而团队由不同学习背景和成长经历的成员构成，在学习和实践中，人们把获得的知识、经验和形成的观念、方法积淀在头脑中，逐步建构起一定的思维方式。个人的思维方式通过组织学习的循环，

---

① R. J. Sternberg, T. I. Lubart. *Investing in Creativity* ［J］. Psychological Inquiry, 1993, 4（3）：229-232.

组织文化的熏陶，以及不同程度的沟通形成了团队的思维风格。思维风格根深蒂固地存在于个人心中，影响个人如何了解世界以及如何采取行动的许多假设和成见。当出现问题并思考如何分析时，思维风格就会产生作用，帮助我们理解数据之间的关系，阐述对问题的看法，发现解决问题的方法。思维风格是人们选择使用智力和知识的方式，它关注的是智力和知识如何通过与环境相互作用而获得。感性思维的人可能更容易产生新的观念，进行知识创造工作；而理性思维的人考虑的因素较多，可能反而阻碍知识创造。发散性思维的人更易于进行知识创造，而收敛性思维的人则较难以进行知识创造。不同个体在思维风格上的差别既有本质上的区别，又有程度上的差异，不同思维风格对于创造力的影响会随着时间、地点的不同而不同。

人格结构维度

个人人格取向、团队成员构成以及创新动机组成了团队知识增值的人格结构维度。人格结构即创造性的人应该具有忍受模糊的能力、克服障碍的意愿、成长的意愿、敢冒风险及自信等人格特征①。这个维度及其内涵比较符合 1986 年 Sternberg 提出的创造力三侧面模型中的第三维度，即人格特

---

① R. J. Sternberg, T. I. Lubart. *Investing in Creativity* [J]. Psychological Inquiry, 1993, 4（3）：229-232.

质，由人格取向和内在动机等因素组成。个人的人格取向是团队知识增值中人格结构的形成基础，由不同的成员的构成团队中，人格结构展现不同的特征，创新的目标和动机使不同的人格结构趋于一致，通过多样化的团队成员构成展现团队不同的人格结构，并在组织创新文化及相互沟通中相互融合取长补短。人格结构更多地得益于个人后天的人生体验和学习。在知识增值中，人格结构无时无刻地影响和支配着个人行为，一旦形成后，具有稳定性。人格结构在知识增值中主要表现为"问题意识"和对创新目标的透彻感悟。科学发明创造的重要起点是人的"问题意识"，就是对于所面临问题的敏感程度和细致的洞察力度。对目标的真正思考和感悟则是思考创新目标的真正含义，使创新过程中的每一步都不偏离方向，这样对解决问题的方法的选择才能是以长远目标为主，以全局利益为先，其判断才能是明确的、快速的。

人格结构对于知识创新的问题解决阶段中解决问题的方向选择和验证判断阶段评判标准有着重要的作用。因为需求目标、责任感和义务可以指导个人创新的方向，形成个人自身对创新工作的标准，而兴趣爱好则作为内在动机影响着创新的欲望和程度。这些选择行为导向和是非评价的标准对个人知识增值并没有产生直接的影响，但它却是知识增值的重要因素。由于受到很多因素的影响，人格结构的形成是一个缓慢的过程。人格结构更多地得益于个人后天的人生体验和学习，一旦形成后，具有稳定性。人格结构对于知识增值的影响也表现在个人对于长短期的价值判断，安于现状的人主动进行知识获取和创新意识相对较差，而那些勇于承受短期的压力和挫折来谋求长远回报的人进行知识创新的动力则会较强。

知识增值三种力量的关系分析

知识资本、思维风格和人格结构这三个维度被我们称为知识增值中的三种力量，它们之间并不是截然分开的，而是错综复杂的交织在一起，知识增值被这三种力量影响。团队只有在拥有了一定的知识资本的基础上，运用独特的思维风格，在人格结构的指导下实现知识增值。这三种力量在知识增值中缺一不可。知识资本是知识增值的基础，是团队进行知识增值的前提，没有知识资本，知识增值就是"无米之炊"。马克思主义哲学认为：思维是人脑的机能，社会的产物，是人脑对客观事物的间接的、能动的反映，是人类认识的理性阶段。思维对存在的、精神对自然界的关系问题是全部哲学的最高问题。在拥有一定知识资本的基础上，面对科研难题，思维风格通过发散性思维和逻辑推理，进行着问题解决的多种方法的思考。而人格结构在创新思路的敏感性和最优方法的选择上起到决定的作用，个人的人格结构指导着个人的行为，因为个人对事物的需求、目标、评价标准及责任感影响着他对知识增值领域的方向的选择及创新程度的评价尺度，个人的兴趣爱好和导向决定着个人的创新欲望。知识资本就是创新海洋的一叶小舟，作为远洋的实体也是达到目标的基础；而思维风格则是小舟上的船桨，是达到彼岸的通行工具；而人格结构则是船上的舵手，指引着躲避暗礁和前进的方向。在实现团队知识增值后，创新产生的成果新知识、新规律、新学说、新方法或它们的随机组合又成了团队及个人的知识资本，拓宽了思路，丰富了思维风格，深化了人格结构，使其更加敏锐和独特。知识资本、思维风格和人格结构这三种力量总是和知识增值或创造力处于复杂的联系之中，它的发展必定在一定程度上受到其他方面的制约。这三种创新的力量是促进人们知识创新发展的特殊的、必要的和充分的条件。

第七章

知识增值的循环

　　一个人在科学探索的道路上走过弯路、犯过错误并不是坏事，更不是耻辱，要在实践中勇于承认和认正错误。

——爱因斯坦

　　谨小慎微的科学家既犯不了错误，也不会有所发现。

——贝弗里奇

科技前沿领域日新月异，在发展的浪潮中，整个世界都在大河奔流，我们只有不停地奔跑，才有可能不留在原地，这正是知识增值的价值所在。我们期望了解知识增值的过程，知识增值最终产生新知识的状态，以及知识增值过程中的危机与预警。

7.1　知识增值过程

知识增值的本质

知识增值作为一种客观存在，是指人们在社会实践中所获得价值增加的经验和认识，它包含两层含义：知识广度的延伸和知识深度的延伸①。如下图所示，相比较而言，知识质增值比知识量增值更深一步，且质增值是由量增值来实现的。

---

① 邬伟娥著：《知识增值视角的学术生产力分析》，《生产力研究》2015 年第 6 期，第 56—59 页。

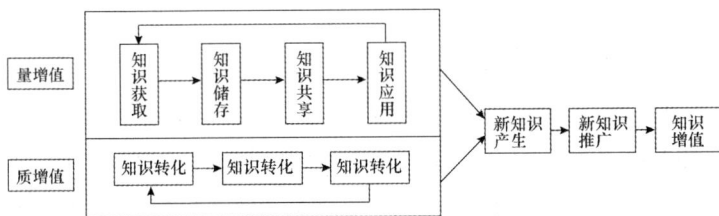

图 7-1 知识增值模式图

人类意识到知识是具有价值的，并对其知识价值性的讨论已经持续了几千年的时间。知识价值包含三个关键问题，首先是知识价值第一问题，柏拉图在回忆录中记录其老师苏格拉底的问题"价值"；知识价值的第二问题"为什么知识比其子集更有价值"；以及知识价值的第三问题"知识与缺乏知识之间的价值差是什么"。

知识的增值效应表现为知识在转移、共享和应用过程中起到的杠杆的作用，创造出了新的价值，同时知识在转移和应用的过程中进而也产生了新的知识。知识价值的增值效应并不是通过知识本身总价值来实现增长知识的创造价值，而是通过对知识的运用来产生增值的。知识在被重复利用的过程中是不会被减少和削减，反而在应用和转移的过程中，经过不断地融合、不断地完善和再创造，进而产生出新的知识，并通过新的知识进一步被运用和推广这一循环过程产生更大的价值。

知识增值的研究进展

目前知识增值的相关研究多以大学或企业为研究对象，邬伟娥在其研究中指出基于知识增值的视角，以知识增量幅度和最终知识总量水平为维度，发现了学术生产力的九种典型的发展情形。其研究结果显示，较高的学术生产力意味着较强的知识增值能力、较高的最终知识总量水平。因此学校应秉持动态的培养理念，不断优化学术主体在期初的知识储备、打造其知识协同环境、重视知识增值的动态过程，努力提高主体的学术生产力。徐扬的研究分析了知识的增值过程，科学定义了知识效用和知识价值，引入了对于知识价值进行定量度量的方法，最后归纳了知识增值过程中的一般规律，并提出了知识管理过程中的建设性意见。

为从宏观的视角研究知识增值的发展状况，本书利用Citespace软件，以知识增值为核心检索词，在人文社科类文献中进行检索，做出知识增值研究的共词分析，将其特征最大化提取到的特征词以及标签以对比图的构建方法绘制的科学学研究主题结构可视化图谱，如图7-2所示。

知识增值的共词图谱显示，近年来知识增值概念多被用来探讨企业人力资源管理和图书馆的信息增值和知识服务领域，知识增值过程、知识挖掘、隐性知识显性化、创新管理、影响要素等关键词占据着核心的地位，可见目前国内基于知

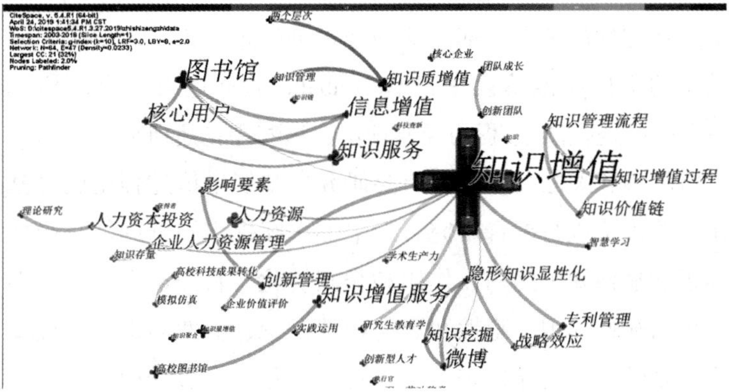

图 7-2 知识增值研究的共词网络

识增值的研究逐步增多，但对于知识增值运用到个体学习能力的研究还基于网络中显示的学术生产力探讨。知识增值作为探讨隐性知识显性化，知识挖掘和知识价值的重要概念，应该被引入教育学、心理学的研究范畴，而个体发展初期作为个体知识积累和创新能力高速发展的阶段，应该引入知识增值的概念，来挖掘个体发展初期知识增值的过程和影响因素，为后续创新人才和创新团队培养奠定基础。

知识增值全过程解析

对知识增值过程进行数学定量描述之前，必须对知识增值整体过程进行全面的、深入的分析。从管理学角度看，国内外对于知识创新过程的研究较为丰富，但没有统一的观点，最具典型性的是野中郁次郎的知识创造过程，心理学研究领域中的沃拉斯四阶段理论和 Ambalie 的创造力五个阶段理论①②也是创造性过程的经典理论，这些理论所研究的创造过程有很多相似之处。我们所要研究的知识增值过程是就是基于这些理论进行综合研究。野中郁次郎提出知识创新是隐性知识和显性知识的相互作用和相互转化，新知识产生于显性知识与显性知识、隐性知识与隐性知识、显性知识与隐性知识、隐性知识与显性知识之间转换的每一个过程中，分别称之为综合化、社会化、内化、外化，并进一步结合转化过程提出知识创造的过程为：扩充个人知识，分享个人隐性知识

---

① Ambalie 的创造力五个阶段理论，即创造力的成分框架模型第一阶段是任务或问题的展示。任务动机对此阶段影响较大，因为它决定了个体是否以及如何参与到任务中。后来又改称为任务或问题的确认，因为"展示"只体现外部的来源，而"确认"既肯定了内部或外部来源的可能性，又强调了创造力中问题确认的重要性。第二阶段是准备阶段。在这一阶段的开始，如果领域相关技能缺乏，个体就需要学习，这时此阶段会占用较长时间。而当领域相关技能比较充足时，所占用时间就较少。第三阶段是产生解决问题的想法。创造力相关的技能会影响选择认知道路的灵活性以及对任务特殊方面的注意。而当任务动机主要为内部动机时，个体更愿意去冒险并注意环境中与任务表面上无关的方面。实际上，一定数量的盲目搜索也是任务所必需的。第四阶段是确认所选择的回答。个体会依据领域相关的技能来判断回答的新颖性和有用性。第五阶段是产生结果，并对结果进行讨论和评价。如果此次创造力过程完全成功或者完全失败，那么整个过程就会到此为止，但是如果取得了很大的进展只是没有取得最后的目标，个体通常会重新开始。

② Amabile T. M. The social psychology of creativity: A componential conceptualization [J]. Contemporary Sociology, 1983, 13 (5).

并进行概念化，结晶化（把知识具体化到某种形式），知识校验和质量的评估，进行团队知识网络的传递。

在《创造力手册》①一书中，柯林根据赫尔姆霍兹②的研究将创造过程分成几个阶段，分别是准备、酝酿、启动或灵感、证实或者详细阐明。准备包括思考或者学习要解决问题相关的心智要素。赫尔姆霍兹指出除非是极简单的问题，解决方法通常不会在当时找到。他的方法是先把它放一边。这个阶段就是酝酿阶段。一段时间之后，解决方法自然会浮现出来，这就是启迪或灵感阶段；最后在详细阐述阶段，新想法和创意接受逻辑的审查而形成最后的表现形式。Ambalie的创造力五个阶段理论认为创造力产生应包括确认所要参与的任务或需要解决的问题；做出实际反应或产生解决办法的准备阶段；反应产生阶段；验证反应阶段；结果与决策阶段。该理论认为，通过各成分间的反馈和交互作用，经历上述五

①　《创造力手册》分为六个部分，涉及创造力及其研究涵盖面广、信息量大，包括个案分析、历史测量、心理测量，还包括实验法等。还深入浅出地将关于人类创造力研究的高度复杂的思考和技术方法呈现出来，更有实验和方法学的见解，可以使人很好地了解创造力研究的观点、方法和主要的研究成果。

②　赫尔姆霍兹（Helmholtz，1821—1894），德国著名的物理学家和生理学家。他曾从师于当时著名的生理学家缪勒，在心理学的多个方面都做出很大的贡献。他的主要著作有《生理光学纲要》等。于1850年第一次用蛙神经进行了神经传导速率的测量。又用同样的方法测量了人的神经的传速率，结果为50～100米每秒。他的测量虽然不太精确，但却开创了心理活动过程的测量和反应时经典研究的先河。继视觉研究后，赫尔姆霍兹又研究了听觉现象并于1863年提出了听觉共鸣说。

个阶段，创造力实现了对创造活动和创造过程的影响。综合以上的观点，我们认为知识增值过程应经历五个阶段：知识积累阶段；知识分享和转化阶段；问题解决阶段；创新结果验证判断阶段；知识创新成果的网络传递阶段。如图 7-3 所示。

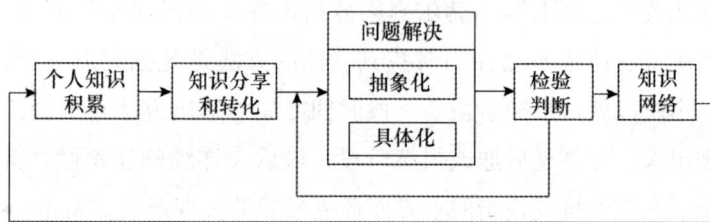

图 7-3　知识增值的过程

知识积累阶段

知识创新起源于个人知识的积累，个人知识创新是团队知识创新的基础和源头。个人知识积累扩充了个人知识，是个体学习以及在实践中所获得知识的混合体。一方面，个体在学习人类知识成果时，通过将外在知识结构转换为个体内在的逻辑结构和心理结构，从而真正掌握知识。同时，个人通过实践活动，形成个体技巧、经验和能力，从而形成个人丰富多彩的知识积累。面对创新问题时，就要在头脑中形成解决问题的设想。知识面越广，掌握的越扎实，可提供的信息就越多，就能在短时间内迅速发散出许多思维结果来。在这个过程中，个人不断地了解创新需求及最新发展动向，确定目标和方向，产生新的需求，寻找新的知识，获取知识资本，不断实现显性知识转化为隐性知识，隐性知识转化为隐性知识的过程。个人获得感性知识和理性知识相互作用可以建立个人的世界观。这意味着新知识产生源于内部隐性知识的显性化，因为内部隐性知识外显化使标准化成为现实，进而促成知识积累这一过程并提高个体认知的广度、深度及认知效率。

知识积累大致包含三种机制：外部流量知识积累、内部存量知识积累与内部流量知识积累机制。外部流量知识积累涉及主体成长过程中外部知识获取，对于提高其探索性与创造力密切相关。积累的知识要转化为竞争优势，需要将内部存量知识盘活，这取决于个体的知识输出水平，而知识应用的本质是其调动个体内部的知识存量，将知识物化为现实的言语或肢体语言等外部行为。内部存量知识积累有助于个体的外化与输出能力不断提升，不仅帮助个体内部知识量的扩大，更能不断激活内部知识存量物化为高效的创新行为。内部流量知识积累机制是一种个人知识体系消化机制也是个体知识数据库的管理过程，揭示了个体创新与成长的系统性机理，其运作涉及内外知识积累与个体成长间关系的"黑箱"。

个人知识扩大有两个重要因素：个人经历的多样性和多种经历的相关性。如果个人经历局限于常规范式，较为单一缺乏多样性，其自身的隐性知识积累就会很少，而如果经历多种多样，但各种经历缺乏相关性也就没有足够的机会去整合创造性的观点。个人逐渐扩大的知识资本在团队内不断地积累，在团队内部沉淀并储存下来，并不断地更新和吸收。

知识分享和转化阶段

知识的分享和转化阶段是一个分享个人隐性知识并进行概念化过程，是解决问题的酝酿阶段，也叫潜意识加工阶段。[①] 当创新主体的自身知识进到一个可使知识增长的公共环境，这个环境可以使创新主体的世界观更加清晰，很多困扰个人的问题和矛盾随着更高层次的概念和观点的形成而消失，这是一个主体间相互作用的阶段。创造性活动所面临的必定是前人未能解决的问题，尝试运用传统方法或已有经验必定难以奏效，只好把欲解决的问题先暂时搁置。表面上看，创新主体不再有意识地去思考问题而转向其他方面，实际上是用右脑在继续进行潜意识的思考。在这个阶段，团队对于知识库中已有的知识进行分析，知识共享并重新利用，为了分享最优方法，并防止重复做功。Davenport 和 Prusak 认为，

---

① A. S. Reber. On the relationship between implicitmodes in the learning of a complex rule. Structure. Journal of Experimental 1980 .

要实现将个人的知识共享给他人并不是一件容易的事①。知识在不同知识主体间交流与共享，不只是从其他主体那里获取显性知识，而且是推动自身隐性知识的传递和转化。野中郁次郎②和竹内弘高曾提出的 SECT 知识转化模式，描述了知识共享和转化的结构与过程。在该模型中，知识通过 S-socialization（社会化）、E-externalization（显性化）、C-combination（组合化）、I-internalization（内化）四阶段，从而完成知识共享与创新。在 SECI 过程中，社会化需要参与知识分享的各方在共同的活动中体验相同的经验。由于害怕失去由知识带来的权威的知识提供者往往不愿意积极促进知识的社会化，此时外部激励十分重要，这表明提供知识的激励

---

①　Davenport T. H. & Prusak L. WorkingKnowledge［M］. Boston, MA: Harvard Business School Press, 1998: 23-35.

②　（日）野中郁次郎（Ikujiro Nonaka, 1935—?），知识管理领域被引述最多的学者，被誉为"知识管理理论之父""知识管理的拓荒者"。他是继大前研一后又一位具有世界影响的日本管理学者。1958 年毕业于日本早稻田大学电机系，随后进入日本富士电机制造公司服务，之后负笈美国加州大学伯克利分校深造，5 年半时间取得商管硕士与博士学位。20 世纪 90 年代初，他提出一个产生深远影响的概念："创造知识的企业"。在与竹内弘高合著的经典名作《创造知识的企业》中，他将亲自调查的佳能、本田、松下、NEC、日产、花王等企业新产品和新工艺开发的过程进行详细的剖析，提出了隐性知识与形式知识之间的相互转换模式。野中精辟地指出正是由于隐性知识和显性知识之间的相互转换，即一种"知识螺旋"运动，新的知识被源源不断地创造出来。在 90 年代中期，野中郁次郎已经是日本管理学方面最重要的思想家之一，他的《知识创造公司》一书成为全球畅销书并获得了一系列重要奖项，为他赢得了国际声誉。日本作家、咨询家大前研一称其为"日本有史以来最重要的管理学著作"。

来强化知识分享的动机，为社会化共享提供时间和精力方面的额外支持是十分必要的。[①]

创新主体间建立信任，分享彼此的经历。通过其不断地沟通，被分享的隐性观点不断地清晰化、具体化、概念化。相互的信任是主体分享原始经历的重要因素，而这种原始经历则是隐性知识的基础，分享经历有利于共同观点的创造，这种共同的观点将成为各自隐性知识的组成部分。知识资本共享通过创新主体间的交流、合作甚至竞争来实现，知识在个人、团队及团队之间高效地传递都为知识资本的增值打下坚实的基础，广阔的创新思路。

问题解决阶段

问题解决阶段为前两个阶段的认真准备和长期孕育的结果，也成为结晶化阶段。此阶段会出现顿悟和灵感，也就是知识创新的具体体现阶段。但是这种顿悟或创新的出现也是很难预测并伴随着一定的失败概率。创新主体对所要解决问题的症结由模糊而逐渐清晰，于是在某个偶然因素或某一事件的触发下豁然开朗，一下子找到了问题的解决方案。有时这种解决问题的思路突如其来，所以一般称之为灵感或顿悟。灵感或顿悟并非一时心血来潮，而是前期积累的量变达到一

① Nonaka I. &Takeuchi H. *The Knowledge - Creating Company*: *How Japanese Companies Create theDynamics of Innovation* [M] . New York: Oxford University Press, 1995: 21-26.

定的临界值，而实现的思维飞跃和质变。

创造性问题解决（Creative Problem Solving）简称为 CPS，一般认为"创造性问题解决"是将复杂问题和创造思考两个方面有机整合在一起的复杂过程。而 Dewey 认为创造力的思考历程指的是创造者用来解决问题的系统，当知觉产生了改变或者转换，才能产生新的主意或者解决方案。① 创造性问题解决的研究者 Treffinger 和 Isaksen② 等人认为解决问题的过程中不只是需要对问题进行推理思考，同时也需要运用创造力和反思批判能力来进行解决问题，认为创造性问题解决主要包含发现困难、查找资料、发现问题或困惑、建构想法、得出解决方案、接受所得出的解决方案六个阶段。

杜威③曾在《思维术》④ 一书中，曾列举出问题解决的

---

① Dewey J. How we think ［J］. Boston：D. C.：Heath，1993.

② Isaksen S. G.，Treffinger D. J. *Creative problem solving*：*The basic course* ［J］. Buffalo，New York：Bearly，1992.

③ ［美］约翰·杜威，著名哲学家、教育家、心理学家，实用主义的集大成者，也是机能主义心理学和现代教育学的创始人之一。杜威建造了实用主义的理论大厦。他的著作、涉及科学、艺术、宗教伦理、政治、教育、社会学、历史学和经济学诸方面，使实用主义成为美国特有的文化现象。约翰·杜威在学术生涯中，曾先后于美国密歇根大学、芝加哥大学、哥伦比亚大学长期任教，并在哥伦比亚大学退休。杜威的思想曾对二十世纪上半叶的中国教育界、思想界产生过重大影响，也曾到访中国、见证了五四运动，培养了包括胡适、冯友兰、陶行知、郭秉文、张伯苓、蒋梦麟等一批国学大师和学者。杜威被视为二十世纪最伟大的教育改革者之一。2006 年 12 月，美国知名杂志《大西洋月刊》将杜威评为"影响美国的 100 位人物"第 40 名。

④ ［美］约翰·杜威著，刘伯翻译：《思维术》，中华书局 1921 年版。

五大步骤，用以说明个人解决问题的心理历程：遭遇问题，对事物的情境产生认知上的疑惑或困难；界定问题，从困惑的情境中辨识出问题；发展假设，依据问题的状况事先提出解决问题的可能方法；验证假设，将所提出的解题方案逐一检验，探究其是否可行；应用，将构思的解题方案应用在实际的情境上以求解决问题。

知识创造的内化是知识转化的核心模式，结晶化可以看作是一个内化过程，思维从一个方式向另一个方式转换，如果能够旁征博引，思维跨度越大，跳跃性越强，创新思维的灵活性就越大。专业化程度高，联系性较强，新的观念容易产生，那么他知识创造能力就越旺盛，这个过程能通过被团队创造出来概念的真实性和适用性进行测试，并在知识创新主体的动态合作关系或协同关系中实现的，这种关系能最有效达到知识转化和创新。

创新结果验证判断阶段

创新结果验证判断阶段是检验判断决定着已经创造出来的创新结果的质量以及判断其真实性的标准。这个阶段本质上是对知识创新结果的合理性进行证明，因为它是一个新产生的知识是否被拒绝、被返回修改或者是被确认接受的过程。知识创新成果真正转化为生产力，成为价值创造要素，在实践中检验知识的价值。所以在进入实践检验和推广传递之前，知识创新成果要经过相关部门或相关人员的检验，检验其正确性、实用性及真实性。同时，知识创新主体也要进行验证、修改，因为由灵感或顿悟所得到的解决方案也可能有错误，或者不一定切实可行，所以还需通过逻辑分析和论证以检验其正确性与可行性。如果在验证判断过程中发现知识创新结果的错误或问题，则要返回上一阶段，那么创新主体重新进行创新工作或对已有的成果加以完善和修正，如果创新结果符合检验标准，那么进入下一个阶段，进行新知识的推广和使用。

新知识的网络传递阶段

知识增值成果的网络传递阶段就是对检验判断后合乎标准的团队新知识进行更广泛的推广和使用。新知识的迅速扩散和传播对组织增强其核心竞争能力是至关重要的。组织的知识基础就是通过组织已有的知识内容或构想与新创造出来的概念之间的相互作用进行不断修正。最后将这个经过修正的知识传递给组织中其他团队甚至其他组织，使整个社会共同分享这个网络化的知识创新成果，并激发创新主体去学习或深化此知识的欲望，以便扩大主体自身的隐性知识，为下一次知识创新循环做好准备①。

知识增值过程有以下特征。首先，知识增值过程是很难预测的，规划一个时间表是不现实的，并且进度表也不可能

---

① Searle, John R. 1983. *Intentionality*. Cambridge：Cambridge University Press.

与进展的步调完全一致。同时知识增值的失败率很高，也会得到意想不到的收益。其次，知识增值过程具有知识密集性特点。创新过程中的集成和创造新的知识依赖于主体的创造力和知识共享与互动。知识增值是呈非线性曲线，要求其中每个知识节点上的个体都要有紧密的联系和信息交流。再次，是一个人与人以及每个阶段之间相互作用的持续过程，更是一个需要网络化的、相互影响的协作过程①。

新知识网络传递阶段是指不同组织成员与子单元的知识与信息的交换，而知识联合涉及已有知识的渐进式与激进式改变及发展，联合原本不相连的要素，或开发出原本相连要素的新联合方法。② 新知识网络传递有助于组织成员将自身的隐性知识与显性知识，对应地转变为其他成员的隐性知识与显性知识，即社会化与组合化，促进不同组织成员与子单元间的知识与信息的交换，在知识网络传递的过程中，组织成员必须进行知识联合过程，将获得的显性知识进行内部化，转变为自身的隐性知识，同时将自身的隐性知识外部化，在与其他组织成员交流的过程中，传递给其他组织成员，在组

---

① Saussure, Ferdinand de. 2001 ［1983］. *Course in General Linguistics*. Translated by Roy Harris. Beijing：Beijing Foreign Language Teaching and Research Press.

② Kao S. C., Wu C. H. *The role of creation mode and social networking mode in knowledge creationperformance*：Me-diation effect of creation process ［J］. Information & Management, 2016, 53 （6）：803-816.

织内创造新的显性知识与隐性知识。组织成员在知识创造过程中进行互动，促进信息、个人观点与知识的交流，有助于构建组织成员的共享知识。而知识联合意味着原本无联系知识的联系，或以不同方式重组已有的知识，组织成员间的知识交流能为知识联合提供"原材料"，知识网络传递、知识交流越频繁，不同知识源联系的可能性越大。另一方面，不同组织成员将私人知识与他人的知识进行的联合偏好不同，知识交流、知识网络传递越频繁，有助于组织成员分享知识联合的经验，因此产生新的知识联合①。通过知识网络传递、知识交流与知识联合，组织成员重构企业已有知识，融合内外部知识储备，综合利用不同的知识来源，创造新知识。不同组织成员与子单元的隐性知识与显性知识的相互交换，涉及已有知识的渐进式与激进式改变及发展，不是通过联合原本不相连的要素，就是开发出联合原本相关要素的新方法，进而创造出组织层面的新知识。从隐性知识向显性知识转化的过程为外部化，是指利用隐喻、类比、示意图等方式，将隐性知识外显表达为概念或图标形式的显性知识的过程②，

---

① Nahapiet J. , Ghoshal S. *Social capital*, *intellectual capital*, *and the organizational advantage* ［J］. Academy of Manage- ment Review, 1998, 23（2）：242-266.

② Nonaka I. , Umemoto K. , Senoo D. *From information processing to knowledge creation*：*A Paradigm shift in business management* ［J］. Technology in Society, 1996, 18（2）：203-218.

组织成员通过对话与集体反思（collective reflection）构建隐性知识的概念，将其进行外部化，如开发新产品理念①。社交网络在此阶段的可供性表现为可创作性（authoring）与可编辑性（editability）。可创作性是指生成内容并发布到网络上供广泛读者阅读，其表达方式包括文字、帖子、链接、音频、视频等，能够促进人们自由表达想法，被广泛的大众接触到，查看并讨论网络内容②。此阶段的可编辑性表现为原作者或内容浏览者编制与重编交流行为的可能性。社交网络的可供性有助于组织成员调整私人表达方式，针对预期受众的目标内容偏好，逐渐提升发布的信息与知识的质量③。此外，组织常利用社交网络来挖掘与提炼显性顾客的隐性知识，进而开发新产品。④

① Nonaka, I., Takeuchi, H. *The knowledge-creating company: How japanese companies create the dynamics of innovation* [M]. New York: Oxford University Press, 1995: 95.

② Faraj, S., Jarvenpaa, S. L., Majchrzak, Ann. *Knowledge col-laboration in online communities* [J]. Organization Science, 2011, 22 (5): 1224-1239.

③ Treem, J. W., Leonardi, P. M. *Social media use in organizations: exploring the affordances of visibility, editability, per-sistence, and association* [J]. Electronic Journal, 2013, 36 (1): 143-189.

④ 王一：《社交网络情境下知识创造过程模型构建》，《情报科学》2017年第35卷第4期，第145—149页，159页。

7.2 新知识的产生

知识的产生：传统与启示

知识是怎么产生的？这里说的知识不是隐性知识而是那种对人类通用的，可以描述出来转告别人的知识。在现代世界这种知识的供应者，当然就是科学。所以围绕"知识是怎么来的？"这个课题，就诞生了一个学科，叫科学哲学①。科学知识是从哪里来的呢？这个问题今天看起来，有点莫名其妙，大部分是科学家生产出来的啊。但是回到几百年前，这个问题简直就是世界上最大的问题。培根的名言"Knowledge is power"。

可是 power 这个词，不仅有"力量"的意思，还有权力

---

① 科学哲学：从哲学角度考察科学的一门学科。哲学的分支学科，关注科学基础、方法和意义。科学哲学研究的核心问题是什么是科学，科学理论的可靠性以及科学的终极目标。科学哲学这一学科与形而上学，本体论，认识论相互交叉，例如，对科学和真理之间关系的探索。有关科学的哲学思考至少可以追溯到亚里士多德时代，但是科学哲学作为一门独立的学科是在 20 世纪逻辑实证主义运动之后出现的。逻辑实证主义运动的目的是为了制定标准，赋予所有的哲学论断以意义，可以对其客观评价。

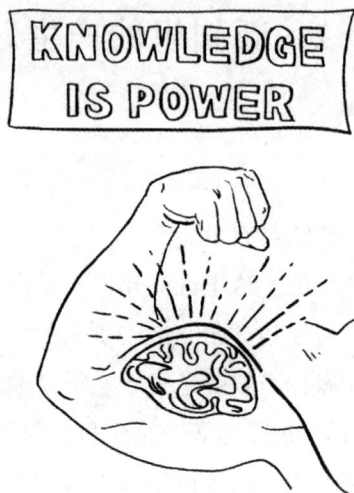

图 7-4　知识就是力量

的意思。在培根那个时代，知识不只是一种驱动自然界的力量，它还是人类社会的权力的来源。掌握了知识的源头，也就掌握了社会的权力。所以叫"知识就是权力"。那在科学出现之前，人类的知识是从哪里来的呢？如果你乘坐时光倒流机返回过去，问一个中国古代农民，你种地的知识是哪来的？农民的回答应该是：是父亲手把手教给我的。那么，你父亲种地的知识又是从哪里来的呢？是我爷爷教给他的啊。

概括来说就是，知识来自世代相传的传统。这是知识的一个源头。如果你问古代欧洲某修道院里的修士，你天天捧着念的书本里的知识，是哪来的？修士的回答应该是：来自圣经。圣经又是从哪里来的呢？上帝赐给我们的啊。概括来说就是，知识来自神的启示。可见，传统和启示是前科学时代的两大知识来源。

知识的产生：实验与观测

古代的人想不出知识还能有其他的什么来源。说到这里就能看出伽利略的伟大了。伽利略的伟大不是他具体的实验成果，而是因为他开创了一种方法。当时的人，这么看伽利略的：你是一个渺小的个人，举着你自己制造的望远镜往天上看，就居然敢宣称得到了新知识，更可怕的是你的新知识居然违背了圣经和伟大的亚里士多德的教诲，也太狂妄了。伽利略后来的不幸遭遇由此而来。

面对来自罗马教廷的巨大压力，他痛苦地放弃了他的一些学说。伽利略的伟大不在于他提出了具体的科学成就，而在于他开创了新的知识来源，那就是实验和观测。伽利略登上比萨斜塔往下扔铁球，看看两个铁球到底是先后落地，还是同时落地，他通过实验和观测，来获得新知识。这个观念今天看来稀松平常，但在伽利略那个时代可是颠覆性的。科学就是通过这种石破天惊的观念剧变而产生的。从那以后，

图 7-5　伟大的伽利略

在传统和启示以外，人类又多了一个知识来源—实验与观测。

当然人类各种语言中都有类似"耳听为虚眼见为实"的俗语，可见凭证据说话也不是全新的观念。伽利略开创的科学传统，特殊性在于，它把这种思维和论证方式正规化、系统化。这样一来，通过科学产生知识的速度就快多了。方法这件事非常奇妙，一旦被产生出来就不会消灭了。所以即使伽利略具体的科学结论，被天主教廷否定了，伽利略也低头了，但他开拓的新知识来源却是教廷无法消灭的。实验与观测这类方法从此来到了科学领域。欧洲正是因此在知识总量上超过了其他文明，并且遥遥领先。在那几个世纪中，欧洲尤其是西欧各国，到处都有科学家在实验室中忙碌，在实验、在观测、在遵循伽利略的那一套方法。摆弄着各种仪器设备。这些人时而欢呼，时而叹息，时而困惑不解，时而垂头丧气。同时大量新知识如潮水一般喷涌而出。不过这个阶段的科学，是没有什么自信的，或者说没有什么自我意识。

知识的产生：逻辑+实证

到了20世纪科学哲学出现了，也就是开始反思科学研究的方法。科学才有自我意识。他们想要说清楚，和宗教、传统、情感等等相比，科学到底有什么区别。自我意识嘛，就是要找到自己和别人不同的地方，发现自己的独特性。在这方面，20世纪初的逻辑实证主义成就最大。逻辑实证主义是一个非常复杂的认识论传统。逻辑实证主义者抓住科学研究的核心环节——有一分证据，说一分话。科学理论来自人类真实的经验，也就是观测和实验，同时，观测实验得到的证据，必须以严谨的逻辑组织起来，这就是所谓"逻辑+实证"。逻辑实证主义的名字正是由此而来。今天这些话看起来一点也不惊艳，但这只是科学知识和其他知识的边界，不意味着所有知识都能这么来。即使在现在，人类的大量知识还是来自于传统、洞察、传闻、权威等等。作为个人来说更是如此，不可能做到有一分证据才说一分话的。比如我相信中国历史上曾经有一个唐朝，其实这个知识我是听来的，我没有一丝一毫亲身考察的证据，但我还是相信。但是逻辑实证主义还是把什么是科学知识划出了一个分界。直到今天多数人对科学的理解还是建立在这个基础上，这是一个了不起的进步。不过这其中其实有非常严重的漏洞。这个漏洞就是：如果科学研究依靠观测和实验，那么多少次观测和实验才足以归纳出结论呢？要知道观测和实验的次数总是有限的，但科学理论总是想做到普遍的。有限次数的观察怎能得出普遍结论呢？谁能保证下一次观察的结果会不会不一样呢？有一份证据，说一分话，听起来挺对，但怎么知道下一个证据来了，就不能颠覆上一个证据呢？科学哲学史上有一个很著名的"火鸡"悖论，这是英国哲学家罗素提出来的，用来讽刺这种归纳方法的局限。话说有一只有科学精神的火鸡观察到，每天上午十一点都有人来给它喂食。火鸡是个认真的研究者，它并没有草率地下结论，而是耐心地继续观察和记录，观察了一年积累了大量的观测记录。根据这些大量的观测记录，火鸡归纳出结论：每天上午十一点就会有人来喂食。这个理论会被感恩节那天的事实无情推翻。那天不但不再有人来喂食，火鸡们还都被人抓出去宰了。可见再多的观测，再仔细的实验，再认真翔实的记录，以及随后的归纳，从逻辑上来说，都不能得出普遍性的理论。所以绕了一圈又回到了原点。那个时候已经是 20 世纪初，人类享受科学的好处已经很多年，但是在理论上还是不能证明，科学带来的知识是可靠的。这看起来有点荒诞感。在 20 世纪初，当时的普遍看法就是逻辑实证主义的那一套，所谓"有一分证据，说一分话"。但是这个看法是有漏洞的。你站在路边观察，连续有 10 辆路过的汽车都是白色的。你能因此下结论说，所有的汽车都是白色的吗？当然不能。100 辆也不能。有限的观察永远不能得出普遍的结论。谁也不知道下一辆驶来的汽车是什么颜色的①。

知识的产生：可证伪

紧接着就出来一位史诗级的科学家，他对逻辑实证主义进行反思，把对科学的认知大大往前推进了一步，同时他的"可证伪"理论是科学哲学的一个很有意思的里程碑。这位科学家就是波普尔。波普尔为什么能挑战逻辑实证主义呢？有一分证据说一分话，到底有什么错呢？波普尔自己说，我受够了到处都是的"证实"。波普尔 1902 年出生在奥地利。他年轻时候的维也纳是欧洲的思想中心。各种学派繁荣一时。其中弗洛伊德的精神分析学派闪耀一时。可是波普尔看弗洛伊德的理论，越看越别扭。因为精神分析理论好像可以解释所有事。按照逻辑实证主义的观点，科学研究就是要去找证据。证据越充分，理论越可靠。但是到了精神分析理论这儿，

---

① Simonin, B L. *An empirical investigation of the process of knowledge transfer in international strategicalliances* [J]. Journal of International Business Studies, 2004, 35 (5): 407-427.

一个人家庭关系紧张，是因为恋父情结。另一个人家庭关系和睦，也是因为恋父情结。怎么都说得通，好像都能解释，但是好像又都是贴哪儿哪儿灵的万能药。

图 7-6　科学家卡尔·波普尔

波普尔意识到，有一分证据说一分话，按照这个方法搞科学研究，问题不大。但是如果其他领域的人也打着科学的旗号，按照这个原则，那什么奇谈怪论都可能出台。科学越有话语权，什么才是可靠的知识这个问题，就越重要。要不然科学和其他领域的事，就没有清晰的边界。这时期发生的另一件科学界大事，给波普尔重大启发，或者说重大刺激。那就是1919年，爱因斯坦相对论的日食实验。爱因斯坦提出的相对论，如果是正确的，那么就会发生一些现象。如果这个现象，能被观测到，那就证明相对论有解释力。如果这个现象不能被观测到，那就证明相对论是错的。1919 年的这个实验，就是对相对论正确还是错误的一次大判决，所以整个世界都非常关注。

波普尔惊讶地发现，和精神分析学派到处找证据去证实的做法相反，爱因斯坦找的是证伪，他主动提出了自己理论可能被推翻的情况，主动接受挑战。他设计的实验，不是只用来证实相对论的，还可以用来证伪相对论。波普尔称这种实验为"判决式实验"——直接判决理论对错的实验。这种让理论主动接受挑战的勇气大大刺激了波普尔。受了这个刺激以后，他对精神分析学派"能够解释所有事，找越来越多的证据"的做法感到不耐烦。他意识到如果你想给一个理论找证实的证据，总是能找到的。你想证明桌子底下藏着个外星人，也是能找到的。各种宗教的教徒不是一直在做这件事吗？看来可证实性并不是科学的真正特征。科学的真正特征是可证伪性。

可证伪性这个概念使科学哲学往前推进了一大步。首先，这个理论重新划分了科学的边界和范围。过去大家都以为，可以证实的就是科学的。但是，瞎猜也有凑巧蒙对的时候。举个例子，加入今天某一只股票上涨，是因为 A 公司内部进行了一次管理创新。这个听起来很有道理，你也会拿出各种证据和理论。但是，我没法证明你这个分析是错的，这就是不可证伪。这就不是科学意义上的结论只是个猜测。那什么是科学意义上的结论呢？就像爱因斯坦一样，你提出一个猜想，比如明天某只股票一定涨，涨到多少多少，我们来验证它。这个就等明天看一下就知道你说的是否靠谱了。这就属于科学可以讨论的问题了。笔者看来"可证伪性"就是冒了有可能出错的风险，对世界提出一定的预测，这样的理论才值得认真对待。所以"可证伪性"这个词儿更容易理解的说法，是"勇于承担责任的预测"。波普尔这个理论，重新给了一种真理观。任何科学理论都可能错，只是暂时未被推翻而已。绝对真理从此不复存在了。存在的只是有待被推翻的猜想。

知识的产生：好问题的发现

你肯定听到过一种说法，说答案不重要，提出好问题才重要。这对于我们这些用大量考试训练出来的人来说，这个说法理解起来有点困难。明明我要的是答案啊，怎么说提出问题才重要呢？有了好问题，没有答案，我不还是困扰吗？

但是结合波普尔的这个理论，就好理解了。

第一，任何值得认真对待的答案，本身都是要接受质疑的，所以根本就没有什么终极答案。所以，纠结于有没有答案，其实价值没有我们想象的那么大。

第二，真正有价值的，是你提出一个新的问题。什么类型的问题？就是我刚才说的，一个有预测性的猜想。只要它是可以被未来的某个事实证伪的，只要这个类型的问题一提出来，马上就价值连城。所以说，一个好问题在我们脑子里出现，这是我们的认知能力出现实质性突破的信号。

证据本身是一个非常主观的事，这是20世纪科学哲学的一个非常重大的进步。比如说常识认为，只要大家的视力没问题，看同一样东西，看到的结果是一样的。但实际上并非如此。人"看"东西是靠眼睛，但决定你"看到"什么的是大脑，而大家大脑中的所思所想，差别很大。比如同样是看交通信号灯，司机看到的是红灯还是绿灯。坐在司机旁边的设计师看的是灯杆设计得好看不好看。再比如对于手写的潦草文字，如果这个语言是你的母语，那你的辨认能力就要强很多，如果是外语，那你很可能就认不出来。所以你看，你看到的是同样的东西吗？

知识的产生：范式的转换

观察实际上是一个高度主观的过程。到底看到了什么，取决于你头脑中有什么样的理论。在科学哲学历史上，这个理论被称之为"理论渗透观察"。库恩在1947年正在写自己的博士论文，中途被邀请参加一个给外行讲物理学的讲座，他就停下手头的论文，开始研究一点物理学史。伽利略、牛

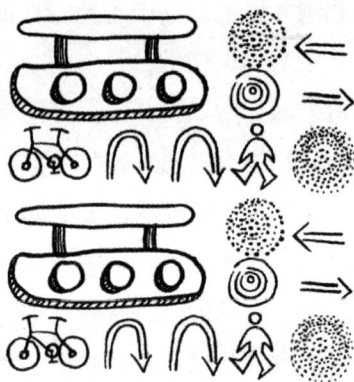

图 7-7　证据具有主观性

顿一通看，看完之后，他有一个惊讶的发现，就是科学的进展，不是从 0 到 1，再从 1 到 100 那个逐步渐进、越来越精确的过程，知识不是这么积累起来的。

知识发展的过程有点像造房子。先是按照过去的图纸造，风格是当时的，功能需求也是当时的，也能住人。但是随着时代变化，渐渐地发现有些功能不够用了，那怎么办？刚开始是不舍得推倒重建的，就这里改改，那里修修，搞点内部装修凑合着，也能再用不少时间。直到有一天，主人发现实在是混不下去了，干脆一发狠，推倒重来，重新设计，重新建造。虽然很多建材用的还是老房子拆下来的，但是它本质上是一所全新的房子。

知识创新也是这样，它不是一个持续的积累过程，而是不断在老观念里做小修小补，到了不得不推倒重来的时候，再来一个大颠覆，这才是真相。库恩觉得自己有必要还原这个科学发展的真相，于是开始转行，专门搞科学史研究，又酝酿了十几年，在1962年，库恩发表了他最重要的科学哲学著作《科学革命的结构》，提出了那个著名的概念"范式"。简单说，范式就是一个共同体成员所共享的信仰、价值和行为方式。每一次科技革命，无论是哥白尼、牛顿，还是爱因斯坦，本质上都不仅仅是具体结论上的刷新，而是一次范式转换。这里面不仅有科学的递进，还有全套价值观和方法论的变革。

库恩的理论使笔者有两点新的感悟。第一个感悟是，某个具体的范式，听起来好像很反动，是科学进步的障碍。但其实，如果没有范式，我们实际上是无法增进知识的。如果你是一个刚刚入行的科研小白，你在某位教授带领的团队进行科学研究，这个教授就是按照某个范式在那里搞科学研究。那你怎么办？你难道会像波普尔主张的那样，天天去证伪，挑战教授的理论？你主要的工作内容是证实，在教授指点下，一点点拓展已有的认知领域，去证实一点什么。这并非是要屈从什么陈规陋习，而是说要把自己的观念、行为方式、感知，全部纳入一个范式系统，加入一个共同体，一个初出茅

庐的人才算是真正入行。比如想要加入法律人共同体那就要
办案子。历经若干年一大堆案子办下来，就成了法律专家，
也就是内行。要是不办案子，读几本法律书，是成不了真正
的法律内行的。经商也一样。你看了再多的商业评论文章，
对 BAT 的内部再如数家珍，对市场格局有再多的洞察，如果
你没有真实地做过生意，也不是合格的生意人。那很多人可
能会质疑，这样不就没有创新了吗？不会的。根据库恩的理
论，创新恰恰不是一个颠覆性的革命，而是旧范式里的人，
发现不符合旧范式的新事实越来越多，渐渐开始怀疑信仰的
整个价值体系是不是从根源上错了。这种怀疑积累到一定程
度，新的范式才有机会出现。所谓范式，就是共同的范例，
遵从它，感知它，对一切正面和反面的事实保持敏感，然后
才有机会自己创造一个新的研究体系。创新的机会，往往是
留给旧范式里面的人的。

　　第二个感悟，你要想改变他人的范式，靠摆事实讲道理
这个工具太难奏效了。跟我们每个人有关。很多人应该都有
这个经历，和人辩论时明明自己列举了足够的证据，逻辑严
密，但对方就是胡搅蛮缠不认错，甚至还反咬一口，说你执
迷不悟、不可理喻、拒不认错。那怎么办呢？放过这个争论。
因为根据库恩这个范式理论，你很难说服对方的。我们彼此
持有的观点，看起来是个观点，但它其实像棵大树，根系非
常复杂。一个观点背后是一组人际关系、过往历史、利益格

局、价值观念和行动方式。它的复杂程度是远远超过外人的想象的。这就是每个人都在某个范式中。

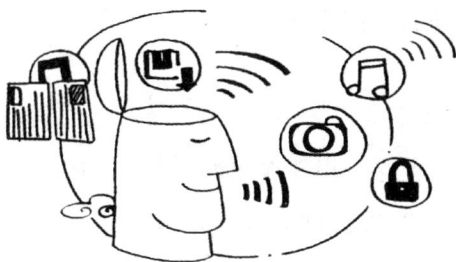

图 7-8　人脑范式转换

7.3　知识流动的形式

对于知识流动，学界将其划分为知识转移与知识溢出两种方式，知识溢出是建立在知识转移基础之上的，是对已有知识和获取知识的创新与发展。那么如何区分知识转移和知识溢出呢？举个简单又通俗的例子，今天你的朋友告诉你鸡蛋炒西红柿好吃，并告诉你怎么做，你原来不知道，但是现在你接受了，并且照着做了，这是最基本的知识转移。但是如果，在你做西红柿炒鸡蛋的过程中，你发现了更健康且味道更好的烹饪方法，那就是知识溢出了。以下将对知识转移和知识溢出进行详细分析。

知识转移

知识转移是指知识随着知识创新主体的流动，在各个群体、各个节点之间进行的知识交流活动。知识转移包括知识流入和知识流出。知识的转移包括知识的发送和知识的接受这样两个基本过程，这两个过程中的两个不同参与主体—知识发送者和知识接收者通过中介媒体连接起来，完成知识的转移活动。增加知识转移的途径有以下几个方面。

扩大创新团队的开放程度。团队内部多组织培训、论坛等交流活动，加大新知识的摄入，消除或减少知识转移的障碍，使团队尽可能透明和开放。与此同时，引入社区论坛，搜索，结构优化的知识库，经验教训管理系统等方式也是促进知识转移的良好途径。

降低知识本身的获取难度。知识获取难度是指知识专业化程度和易理解程度。一些团队内部知识获取难度较高，使知识转移很困难。容易传播的是八卦消息，通常这种事件的传播速度极快。这是因为八卦事情的专业化程度很低，通常都是众所周知的或者感兴趣的话题。因此，创新团队应通过多种途径降低知识的获取难度，如通过故事、录像、案例或经验教训等方法使团队或其他成员更容易学习专业知识，理解技术型知识，记住陌生知识，达到知识转移的目的。

压力与动力结合。知识是需要不断更新的，因此在知识创新工程中，压力和动力就显得尤为重要。一方面，压力会让成员有获取新知识的紧迫感和追求自我实现的欲望。另一方面，动力使成员有信心和精神去追求新的知识，把期望放在分享和学习上。压力和动力的双向作用使知识在人的意识下，有目的有方向地自由流动，起到知识创新的推动作用。

简化知识转移的路径，缩短知识转移的距离。知识转移的形式多种多样，其流动效果也存在一定差异。通常情况下，面对面的知识转移，知识受体的吸收效果会更好，如：事后回顾，同行协助，知识交换，知识接力等。如果由于距离和途径存在限制条件，那需要通过其他形式进行知识转移。相对来说，知识转移的每个成员之间的距离应该是比较近的，路径是比较简单的，尽量减少路径和距离上的消耗，使知识转移得更快更流畅。

知识溢出

知识溢出是知识扩散的方式之一，指知识接收主体将自身拥有的知识与新接收到的知识相融合，隐性知识与显性知识碰撞，继而进行知识再造，开发出新的知识。知识溢出是不同主体通过特定的方式，在彼此之间的互动与交流过程中，元知识拥有一种动态传导性，使得知识创新组织在这个动态过程中形成知识存量的增长，从而产生更多的知识溢出，形成持续的竞争优势。增加知识溢出的途径有很多，如人力资本流动、项目转让与合作、投资与交易等多种形式，可以是有意识或无意识的，可以是商业性的或非商业性的，也可以是主动的或被动的。增加知识溢出的主要途径如下。

加快人力资本流动。知识依附于个体存在，尤其是隐性知识的溢出更加依赖于人力资本的流动，稳定的具有一定比例的人力资本正常流动可以促进知识溢出，激发组织创新活力。此外，人力资本流动的背后还隐含着大量的复杂的社会关系网络，特别是在现代虚拟社交网络的环境下，极大地扩大了不同组织人才间非正式交流的范围和程度。因此一定程度上来说，具有不同知识背景人才的社会网络，同社会资本的耦合作用深刻影响着知识溢出的效率。

扩大不同组织形式的合作与交流。目前来说，团队组织形式多种多样，组织成员自身具有知识也各不相同，基于异质性特点，扩大不同组织形式的合作与交流对增加知识溢出显得尤为重要。在大数据与人工智能的科技革命下，知识更新频率显著加快，数据存量急剧增加，技术创新迭代层出不穷，任何一个创新团队想单凭依靠自身的力量来适应对日益复杂和瞬息万变的市场环境是不可能的。此时，知识创新需要知识溢出的推动。增加知识溢出的重要途径之一，是依托强强联合、校企联合、政企联合等多种正式或非正式的研发合作，形成对资金、技术、人才以及组织等集成创新要素的整合与利用，依靠多学科和不同产业之间的交流与合作突破行业关键核心技术瓶颈。高校的研发机构、企业研发部门以及技术转移中心等被看作是知识创造、创新和溢出的主要来源。产学研之间正式或非正式的交流和研发合作为知识溢出提供了平台和土壤，特别是那些建立稳定合作关系的协同创新网络，公司技术人员、大学研究人员以及企业家通过非正式交流或各种正式的学术研讨会交换异质性知识，实现技术知识的溢出或扩散。

规范投资和交易行为。良好的交易秩序离不开政策与制度的调控和引导，知识增值也存在一定的投资和交易行为。组织间可以通过知识供需关系获得知识溢出，比如技术转让、专利授权、设备购买等。由于市场不可能像处理以自然资源为基础的产品那样，有效地处理具有不确定性、规模经济和外部经济特征的技术知识和组织技能等资产的生产和交易，知识和技术从生产商转移到使用者手里，就会发生知识溢出现象。在通过贸易投资发生知识溢出的过程中，落后区域吸收溢出知识的效率高低取决于该区域本身知识存量和吸收能力，一个区域只有在拥有大量知识的前提下，具备一定的吸收能力才能理解、评估、融合与使用外部环境中的知识，才能将区域的外部知识转化为可应用的知识。因此，只有完善和规范的投资交易秩序，才能为知识溢出开辟出另一条通道。

7.4 知识增值的危机与预警

危机是有危险又有机会的时刻，是个人、团体、社会发展的转折点。和其他活动一样，知识增值也面临一些危机，影响知识增值的实现。本节主要探讨知识增值过程中存在的典型危机以及预警办法，以期为知识创新提供一个良好的、稳态的环境。在此基础上，从数学模型角度详细探讨在知识创新过程中个体及群体知识增值过程。

批判性思维危机

批判性思维是主体在充分理性的条件下，基于事实做出判断和评价的思维活动。批判性思维包括思维过程中洞察、提问、分析推理、评估反思等思维反应过程，它具有相对独立性，属于主体自我意识和自我认知，不会轻易被感性和无事实根据的传闻所左右①。美国学者科菲思认为，批判性思维是"研究寻找一种情况、现象或问题以使所有可获得信息结合成一个整体，并且能令人信服地证明假说或结论过程"。

批判性思维危机是指知识创新主体在特定条件下，主观上批判性认知减退或客观上生活受到压制，而导致缺乏知识创新的认知和勇气②。

对于知识增值来说，批判性思维似乎是知识增值的前提，只有具备批判性思维的人，才能捕捉到知识的漏洞，识别出知识的真伪，创造出更多有价值的知识，实现知识增值。然而，随着批判性思维在一些因素的作用下，会逐渐衰退，甚至消失，带来知识增值的评判性思维危机。在此我们提出内在评判性思维危机和外在批判性思维危机两个概念。

什么是内在批判性思维危机？主体本身具有一定的批判性思维意识，但是由于长时间不摄取新的知识或对某方面知识存在较多空白，缺乏对特定领域的认知与理解，从而没有内在知识支撑去对某些观点、假说、论证等持审慎的态度的能力，我们称之为内在批判性思维危机。这种危机是可以调

① Abduikarim S. Al-Eisa, M Usaed A. Furayyan, Abdulla M. Alh Emoud. *An empirical examination of the effects of self-efficacy, super viso r suppo rt and motivation to learn on transfer intention* ［J］. Management Decision, 2009 (47), 8: 1221-1244.

② 于辉:《案件事实论证：一种批判性思维的研究进路》，法律出版社2018年版。

控和预测的，当主体感知到自己即将面临内在批判性思维危机的时候，可以通过各种途径去弥补知识空缺[1]。

应对内在批判性思维危机最好的办法就是针对知识空缺发出的预警信息，进行及时有效的知识补充，进而达到消除危机、从深度和广度上都能够理性思考的目的。面对问题与结论，可以追问事件背后深层的原因；面对观点、现象和问题，可以进行深入的分析，看到他们的本质，而后根据分析的结论做出合理的应对；面对单一的结论，可以从多角度挖掘真相和规律。

什么是外在批判性思维危机呢？主体本身具有批判性思维，但由于某些外在条件，压制了主体的批判性思维（比如压抑的环境或领导的控制等外在因素）。此时我们认为出现了外在批判性思维危机。如果主体长期处于语言封闭、环境紧张的氛围中，外在批判性思维危机就会转化为内在批判性思维危机。

应对外在批判性思维危机和避免其转化为内在批判性思维危机最好的办法就是尽量远离思维封闭的空间，在言论开放的环境里自由思考。面对领导提出的意见，理性思考，以易接受且委婉的语言进行沟通。

---

① Daniel R. Boisvert. *Ethics without Ontology*，剑桥大学出版社期刊，2007 年。

认知危机

人之所以成为伟大的生物群体，首先人类知道自己不知道，产生了认知危机，其次人类有比较先进的科学手段，去知道更多。然而，人类曾没有认知危机，《人类简史》一书中提到，人类以前不知道无知，所以进步得很慢。他们认为自己什么都知道，没有意识到自己的无知，他们高高在上地认为自己极其强大，无所不能，是自然界的主宰。直到疾病、天灾等种种危险威胁到他们生存时，他们逐渐意识到自己的无知。随着社会的发展，技术的进步，人对知识的学习和理解越加深入，人们慢慢地发现他们拥有的知识是有边界的，学习的知识越多，积累越丰富，他们会发现自己的知识越来越少，因为知识是没有边界的。人是一个以自我为中心的圆圈，知识是半径，积累的知识越多，圆的边界越大，进而可接触到的未知领域越大。这时候，人会竭尽全力去弥补自己的无知，这就是知识增值的开端。

在知识创新领域，一旦主体的自我满足情绪过高，就会忽略自己的无知，对于未知事物的探知欲降低，其认知危机也会随着时间的流逝而进一步弱化，难以发生知识增值，进而严重影响对未知领域的探索，使知识创新行为停滞不前。

信任危机

信任危机一词来源于伦理学，它表示社会人际关系产生了大量虚伪和不诚实现象，人与人的关系发生了严重危机。本书主要研究知识创新过程中的信任危机，这里指知识创新中的个人或群体不遵守道德准则和行为规范，彼此之间真诚与诚实态度受到质疑，因此不敢委对方以重任的现象。

对于知识增值来说，个体或群体得到他人的信任，似乎是其实现知识增值的必要途径之一。知识是在交流与沟通的氛围中逐步实现增值的，一旦出现信任危机，知识的交流和沟通会减少甚至终止，进而影响到知识增值的全过程。

知识创新中引发信任危机的原因有很多，利益的争夺冲突、嫉妒和报复心理、性格差异等因素都会引发信任危机。在知识增值过程中，信任危机意味着创新主体与其他主体之间的肯定性关系被打破，道德作用下降，人际关系紧张，进而参与知识创新的主体之间，产生心理上的障碍，阻碍知识增值过程的推进。在知识创新过程中，一旦出现信任危机，知识创新就难以继续进行，甚至会出现知识泄露、知识互斥等问题。《论语》中有这样的记载，子贡问政。子曰："足食，足兵，民信之矣。"子贡曰："必不得已而去，于斯三者何先？"曰："去兵。"子贡曰："必不得已而去，于斯二者何先？"曰："去食。自古皆有死，民无信不立。"子贡向孔子请教治理国家的办法。孔子说，只要有充足的粮食，充足的战备以及人民的信任就可以了。子贡问，如果迫不得已要去掉一项，三项中先去掉哪一项？孔子说：去掉军备。子贡又问，如果迫不得已还要去掉一项，两项中去掉哪一项？孔子说，去掉粮食。自古人都难逃一死，但如果没有人民的信任，什么都谈不上了。子贡恍然大悟。自古以来，"信"在每个人的生活中，都扮演着极为重要的角色。在知识增值过程中，主体一旦出现信任危机，将会对知识增值带来极大的影响①。

图 7-9　子贡问政

---

①　Bresman H, Birkenshaw J, Nobel R. *Knowledge transfer in international acquisitions* [J], Journal of International Business Studies, 1999, 30（3）：439-462.

克服知识增值过程中的信任危机，参与知识创新的每个主体建立且不断稳固情感尊敬与道德忠诚，并以实际行动和制度安排强化正直、诚实的道德感染力，增强彼此之间的相互信任。团队进行知识创新的基础在于合作，合作的基础是信任。

知识增值危机预警

知识增值的危机预警主要是指知识增值的参与者对潜在危机的一种认知行为，表现为主体具有很强的危机意识以及在认知基础上构建的预警系统，技术解决危机，避免知识增值危机带来更严重的知识破坏行为[1]。

良好的危机预警是实现持续性知识增值的重要因素。如何做好知识增值的危机预警？

危机预警第一步是树立知识增值危机意识[2]。通常来讲，危机多以概率较低的突发事件形式出现。从客观性存在的意义上来讲，危机是必然的，是无法避免的。而且，由于缺乏准备，危机事件带来的损失往往是巨大的，超常规的，人们会在处理危机过程中花去更多的时间与精力。所以，从思想

---

① Hayek, F. A. *The use of knowledge in society* [J] . American Economic Review, 1945, 35 (4) : 519-532.

② Burgers, W. P. C. W. L. Hill and W. C. Kim (1993) . *A theory of global strategic alliances: The case of the globalauto industry* [J] . Strategic Management Journal, 1993, 14 (6) : 419-432.

上重视危机的产生是极为必要的。相比于普通危机而言，知识增值危机似乎更常见。前文列举到批判性思维危机、信任危机，除此之外，还有情感危机、精神危机、物理环境危机等多种危机形式阻碍知识增值的实现。在危机发生前，总会有一些征兆出现，比如生活压力大、知识摄取量降低、沟通不畅等。只要及时捕捉到这些信号，加以分析处理，采取得力措施，就能够将危机带来的损失降至最低，甚至避免知识增值危机的产生。

危机预警第二步是确定知识增值危机来源。当今社会，大数据为世界的可认知性提供了支持。知识创新的主体和管理者，应该通过多种途径，确定各种危机的来源，做好防范，将危机扼杀在萌芽里。首先对可能引发危机的现象或事件进行列举。无论团队还是个人，都应该明确自己知识增值过程中薄弱的环节，按照正确的方式来明确最有可能发生、潜在地能够造成严重危害的危机。之后通过观察、问卷调查、深度访谈等形式，收集一手数据，在形成的调查数据分析的基础上，帮助识别知识创新参与者最脆弱的方面，为主体缩小应该进行良好防范和管理的危机范围，从而提高针对性，确保知识增值危机预警的效率和效果。

危机预警第三步是分析危机类型。不同的知识增值危机有不同的预控策略。首先要对危机类型有一个明确的定位，属于个人危机还是团队危机？属于批判性思维危机还是信任危机？属于可避免危机还是必然危机？同时对危机可能引发的问题有所预测。在此基础上，形成潜在危机重点分析表和危机优先序列象限表，确立相应的预控策略。

危机预警第四步是确定预防潜在危机的有效措施。首先，要建立危机自我诊断制度，从不同层面、不同角度进行检查、剖析和评价，找出薄弱环节，及时采取必要措施予以纠正，从根本上减少乃至消除发生危机的诱因。在处理危机过程中，警惕性是首要的，大部分危机是可以避免的。危机管理专家斯蒂夫·芬科针对公司危机管理问题曾提出应该建立定期的公司脆弱度分析检查机制。"越来越多的顾客抱怨，可能就是危机的前兆；繁琐的环境申报程序，可能意味着产品本身会危害环境和健康；设备维护不利，可能意味着未来的灾难。经常进行这样的脆弱度检查并了解最新情况，以便在问题发展成为危机之前得以发现和解决脆弱度分析审查不仅有助于防止危机，避免对公司业务和公司利润的不良影响，而且，还会使公司在未来变得更为强大。"① 其次，成立团队危机管理组，定期制定或审核危机管理指南及危机处理方案，清理危机险情。一旦危机发生，及时遏止，减少知识增值危机对团队知识创新造成的危害。

---

① Hamel G. Y. L. Doz and C. K Prahalad. *Collaboratewithyour competitors and win* ［J］. Harvard Business Review, 1989, 67（1）: 137-139.

危机预警第五步是拟定危机管理计划。在事前对可能发生的潜在危机，预先研究讨论，以发展出应变的行动准则。对团队成员进行知识增值危机管理培训和演练。增强知识创新参与者对知识增值危机管理的意识和技能，一旦发生知识增值危机，参与者能够以较强的心理承受能力和危机应对能力去面对知识增值过程中的危机，将知识创新目标实现的损失降到最低。

知识创新涉及主体众多，每一个团队和个体都面临知识创新，所以在知识增值过程中，可多方借鉴，实现知识增值良好的危机预警，实现有效的知识增值，实现知识创新的目标。

第八章
知识增值的测度与仿真

　　科学家必须在庞杂的经验事实中抓住某些可用精密公式来表示的普通特征，由此探求自然界的普通原理。

——爱因斯坦

　　我平生从来没有做出过一次偶然的发明。我的一切发明都是经过深思熟虑和严格试验的结果。

——爱迪生

在对团队知识增值过程进行数学描述前，我们将团队和群体的特性进行对比，分析它们的差异性，更好地了解团队的知识创新特性，以通过个体、群体知识创新过程的基础数学模型来构造团队知识创新过程的数学模型，并加以优化。比较团队和群体知识增值的数学仿真结果，通过两者对比分析，提出团队知识创新增值的特点，以期为团队更好地进行过程优化和管理提供科学方法。

8.1　个人知识增值

从知识本体论的角度来说，知识可以分为隐性知识和显性知识。在市场竞争日益加剧的时代，知识创新成为团队持续发展的核心因素。相对于显性知识，隐性知识不易模仿，更有利于企业的商业发展，因此隐性知识成了目前研究知识创新的重点。然而从人类科技进步的历史来看，每个重大发现都是在大量假设验证、调查试验的基础上，经受少则几十年多则上百年时间的考验，才逐渐获得认可的。这些研究结果并非仅仅接受某些人开展重复性试验的检验，而是要能够

获得任何人的检验。不仅接受当代人的检验，还要经得起后
人的检验。因而很多研究成果只能使用能够脱离个人的显性
知识来表征出来。也正是用显性知识形式表达出这些重大发
现，才使得其影响深远，不断推动着科学向前发展。因此，
从根本上来说，知识增值的重点仍然是新的显性知识的增加，
即知识增值的目标是显性知识增加①。但是显性知识的增加
是离不开隐性知识的，正如日本学者野中郁次郎所述，隐性
知识和显性知识是可以相互转化的，在不断转化过程中显性
知识才得以不断增加。其中隐性知识是知识增值的核心活动。
因此，从系统学的角度来看，个人知识增值的结果输出就是
新的显性知识，而隐性知识是在整个创新过程中一个非常重
要的活动状态，即动态。

　　新知识都是在已有知识的基础上产生的，而不可能脱离
已有的知识。知识创新过程的基础是个人的知识增值，个人
知识增值是个人在外界需求、个人兴趣等多方面作用下通过
学习，对知识进行处理的过程。扩大个人知识也就是将已有
显性知识转化为个人自身隐性知识的方式。这里要处理的知
识既包含隐性知识，也包括显性知识。如果将显性知识作为
知识创新的目标，则新知识的增加就是个人自身隐性知识和

　　① Easterby—Smith, M, Lyles, M A, an d T san g, E W K. *Inter—organizational knowledge transfer*: *Currentthemes and future prospects* [J]. Journal of Management Studies, 2008, 45 (4): 677-690.

显性知识综合作用的结果。简单的可将其相互关系描述为：

$$dx = f(x, b)$$

$$y = g(x, d) \tag{4-1}$$

式中　x——为动态系统的状态变量；

　　　dx——为状态变量 x 的导数，表示状态变量 x 随时间变化而变化；

　　　y——为知识增值的输出；

　　　f——为对思维风格的描述；

　　　b——为知识资本维度；

　　　g——为人格结构维度决定的隐性知识的表达效果；

　　　d——为知识增值其他干扰因素。

这是对知识增值的动态描述，同时也是对静态分析的进一步精细刻画。静态分析是在第六章我们阐述的知识增值的三个维度上进行分析的，即知识资本、思维方式和人格特征。在公式4-1中，变量 x 为个人知识动态系统的状态变量，即为隐性知识。隐性知识的变化是一定的知识资本在给定的思维方式下进行的转化。x 表示个人知识动态系统的隐性知识在整个增值过程中是随时间变化而变化，其状态为动态。函数 y 知识增值的输出成果，即为显性知识。知识增值成果 y 是对自身隐性知识 x 的一种形式化表达，在创新性知识中特别体现对隐性知识在创新思想方面的描述。创新成果的形式化表达方式有很多，例如讲座、报告、论文、专利等。参数

b 就是对知识资本的描述，用来作为对个人知识系统的一个输入的知识资本。当某个人的知识资本比较雄厚，则在相同的知识转化过程中，可供借鉴类比的知识就比较多，相应的隐性知识增长得就比较快。函数 f 是对思维风格的描述，用来描述隐性知识的动态方程。隐性知识的增加是需要一定的思维引导的，例如理性思维、工程思维、抽象思维、逻辑思维等等。当需要增加的隐性知识同个人思维方式相配时，学习起来就比较顺畅，相应的隐性知识就增长得比较快。它是影响隐性知识变化的关键因素，主要体现在个人的学习创新能力方面，特别是在素质教育中作为重点进行培养，函数 g 就是对人格结构维度的描述，它和隐性知识公式实现隐性知识的显性化。对隐性知识采用何种方式及其表达的效果如何，不但受到个人创新动机和人格取向的影响，而且还受到他们对隐性知识的掌握理解程度的影响。例如对于从事基础科研的人员大多倾向于人类社会公益性考虑，因此他们更多选择论文讲座的方式对个人隐性知识进行表达。他们的动机就是让读者更加容易理解，并且不会引起太多的歧义。因此他们在写作讲座过程中，常使用简单语句和精确的专业词汇。而应用科学的人员更倾向于商业方面的考虑，因此他们更多地选择专利和报告的方式。他们的动机是为了宣传并且能够保护自己的利益。因此他们在写作和报告过程中，常使用笼统语句和法律词汇。也就是说隐性知识的表达效果受到人格特征维度的影响。

　　个人知识增值过程中，一般都会将阶段性的创新成果进行整理和总结，并以书面文档的方式将这些东西记录下来。形成阶段性成果的过程，我们认为是隐性知识的活动过程，即函数 f，而将这些东西文档化的活动可以认为是知识显性化的过程，即函数 g。具体地说，知识创新主体，即团队成员工作一段时间之后，才将研究结果以显性知识的方式总结出来。这段时间的主要活动为根据个人的知识积累中的显性知识，进行分析比较，从而提高自己对研究问题的认识。因此，这段时间动态可以描述为在初始显性知识基础上的不断分析迭代的过程，此时可将公式 4-1 中动态方程的 b 变量从函数 f 中分离出来。对于个人创新能力来说，需要经过一次完整的知识增值转移过程，才可能有显著的创新能力的提高。因此，可以将隐性知识在单次知识创新的转化过程中看作线性定常过程。再将隐性知识外化为显性知识总结出来的效果，主要体现在个人的知识表达能力和表达工具的选择应用，而其总结的内容却是在自己或前人知识积累的基础上开展的。因此，对单次外化过程来说，个人的表达能力和选择工具可以认为是不变的，即表达效果可以看作是仅影响隐性知识的线性定常系数。由此，可将个人单个创新活动表示为一个线性定常系统，即

$$dx = ax + b$$

$$y = cx + d \qquad\qquad (4\text{-}2)$$

式中　x——为个人知识增值过程中动态系统的状态变量；

　　　dx——为状态变量 x 的导数，表示状态变量 x 随时间变化而变化；

　　　y——为个人知识增值过程中的知识创新的输出；

　　　a——为个人知识增值过程中的创新性思维风格维度；

　　　b——为个人知识增值过程中的知识资本维度；

　　　c——为个人知识增值过程中人格结构维度决定的隐性知识的表达效果；

　　　d——为个人知识增值过程中其他干扰因素。

　　为了更加清晰地认识它们之间的关系，下面我们对某人的知识增值模型进行仿真。假设某人 A 的知识增值模型为 $a=0.5$，$c=0.2$，$b=0.1$，$d=1$。则有如图 8-1 所示的知识创新过程。

8.2　群体知识增值

　　团队知识增值过程的基础是个人的知识增值，但是团队中个人的知识增值活动并非是完全独立的，而是存在相互影响。日本学者野中郁次郎所讨论的正式的或非正式的交流能

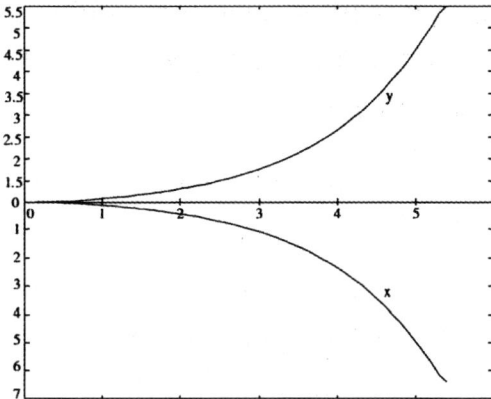

图 8-1　个人知识增值过程仿真

够促进主体间的隐性知识交流，目前普遍采用的师徒制或导师制团队，是长期实践中收到良好效果的隐性知识交流方式。因此，知识增值过程实际上就是存在个人相互交流并影响他们各自知识创新活动的复杂过程。为了分析其复杂过程，我们先从简单入手，然后逐步分析其复杂机理。也就是说，我们首先分析群体知识增值过程的模型，此模型假设多人之间的知识创新活动是完全独立的。重点在于如何使用通用的数学手段形式化描述若干独立个体的知识增值活动，从而为团队复杂的知识增值过程奠定建模基础。群体知识增值过程中每个人是相互独立的，假设人数为 n，使用下标来区分不同人的知识增值活动。根据个人知识增值模型及其参数设定，我们可以得出群体知识增值过程的模型，同样由隐性知识的状态方程和显性知识的输出方程构成。它们分别表示如下：
群体知识增值的状态方程：

$$
\begin{cases}
dx_1 = f_1(x_1 + b_1) \\
dx_2 = f_2(x_2 + b_2) \\
\cdots\cdots\cdots \\
dx_i = f_i(x_i + b_i) \\
\cdots\cdots\cdots \\
dx_n = f_n(x_n + b_n)
\end{cases}
\tag{4-4}
$$

和相应的显性知识的输出方程：

$$
\begin{cases}
y_1 = g_1(x_1 + d_1) \\
y_2 = g_2(x_2 + d_2) \\
\cdots\cdots\cdots \\
y_i = g_i(x_i + d_i) \\
\cdots\cdots\cdots \\
y_n = g_n(x_n + b_n)
\end{cases}
\tag{4-5}
$$

同样对于单次的知识增值过程，可以看作其过程是呈现出局部线性化特征的。因此在线性定常假设条件下，群体知识增值过程的动态模型可描述如下：

$$\begin{cases} dx_1 = a_1 x_1 + b_1 \\ dx_2 = a_2 x_2 + b_2 \\ \cdots\cdots\cdots\cdots \\ dx_i = a_i x_i + b_i \\ \cdots\cdots\cdots\cdots \\ dx_n = a_n x_n + b_n \end{cases} \qquad (4-6)$$

显性知识输出为

$$\begin{cases} y1 = c_1 x_1 + d_1 \\ y_2 = c_2 x_2 + d_2 \\ \cdots\cdots\cdots\cdots \\ y_i = c_i x_i + d_i \\ \cdots\cdots\cdots\cdots \\ y_n = c_n x_n + d_n \end{cases} \qquad (4-7)$$

由群体知识增值模型可以看出，其状态变量很多，描述起来不是很方便。下面我们借鉴线性系统理论的方法，此理论运用矩阵分式及多项式矩阵描述以及对角优势等多变量频域方法进行系统的描述，在这里我们将群体看作一个系统，将矩阵工具引入群体系统的知识增值模型，来简化其表示形式。

首先对各变量使用矩阵描述，简单可描述如下。设定 X 为列向量 $[x_1, x_2, \cdots, x_n]$ T, Y 为列向量 $[y_1, y_2, \cdots,$

$y_n]$ T，B 为列向量 $[b_1, b_2, \cdots, b_n]$，D 为列向量 $[d_1,$ $d_2, \cdots, d_n]$。然后就是对群体系统特性进行矩阵描述，具体如下。A 为对角阵

$$
\begin{bmatrix}
a_1 & 0 & \cdots & 0 & 0 \\
0 & a_2 & \cdots & 0 & 0 \\
\vdots & \vdots & \ddots & \vdots & \vdots \\
0 & 0 & \cdots & a_{n-1} & 0 \\
0 & 0 & \cdots & 0 & a_n
\end{bmatrix}
$$

C 为对角阵

$$
\begin{bmatrix}
c_1 & 0 & \cdots & 0 & 0 \\
0 & c_2 & \cdots & 0 & 0 \\
\vdots & \vdots & \ddots & \vdots & \vdots \\
0 & 0 & \cdots & c_{n-1} & 0 \\
0 & 0 & \cdots & 0 & c_n
\end{bmatrix}
$$

最后我们将这些对群体知识增值的矩阵描述带入原来的知识增值模型中，则可将式 4-5 和式 4-6 综合表示为：

$$DX = AX + B$$

$$Y = CX + D \tag{4-7}$$

式中　X——为群体知识增值过程中动态系统的状态变量；

DX——为状态变量 X 的导数，表示状态变量 X 随时间变化而变化；

  Y ——为群体知识增值过程中的知识创新的输出；

  A ——为群体知识增值过程中的创新性思维风格维度；

  B ——为群体知识增值过程中的知识资本维度；

  C ——为群体知识增值过程中人格结构维度决定的隐

    性知识的表达效果；

  D ——为群体知识创新过程中的其他干扰因素。

  其中群体隐性知识的转化能力完全由对角阵 A 来表征，显性知识的外化效能完全由对角阵 C 来表征。相对于个人知识创新，群体知识增值模型研究的重要基础作用就是针对多人团队的知识创新效果如何提供整体性的评价指标。目前对团队增值效果的评价主要包括计算总体数量的方法和学术带头人能力的方法，这主要是对群体系统本身性能的评价，不包括对知识创新团队的显性知识的输出和显性知识的输入。因此群体知识增值过程中的团队整体性评价是对矩阵 A 和矩阵 C 的分析。

  根据这个一般性的定性分析，下面对这些不同情况，从群体系统矩阵 A 和 C 的数学角度进行简单解释。矩阵 A 用来表征群体知识创新系统的思维风格，代表着隐性知识转化能力，其整体性的隐性知识转化效果我们用符号 atm 来表示；矩阵 C 用来表征群体知识创新系统的人格结构，代表着显性知识外化能力，其整体性的隐性知识外化效果使用符号 ctm 来表示。从知识增值结果的数量上来看，基本的评价方法是将群体知识增值的效果直接相加求和平均。首先，将矩阵 A 的对角线元素进行相加求和平均，并以此作为系统创新性能的一方面；然后，另一方面通过将矩阵 C 的对角线元素相加求和平均获得。由此我们可以通过以下公式来描述，

$$a_{tm} = \frac{1}{n} \sum_{i=1}^{n} (a_i)$$

$$c_{tm} = \frac{1}{n} \sum_{i=1}^{n} (c_i)$$

$$(4-8)$$

从知识创新主体的创新能力水平上来看，评价方法通常是采用学术带头人的方式，也就是选择群体中创新能力水平最大的知识创新主体来表征群体系统的整体性能。使用相同的方式，可以通过以下公式来描述，

$$a_{tm} = \text{Max}(a_i) \, i = 1, \ 2, \ 3, \ 4 \cdots\cdots n$$

$$c_{tm} = \text{Max}(c_i) \, i = 1, \ 2, \ 3, \ 4 \cdots\cdots n$$

$$(4-9)$$

知识创新成果数量的评价方式考虑了所有群体系统知识创新主体的创新效果，主要是从创新成果量的角度来考虑。而学术带头人的评价方式考虑了系统的最高质量知识创新效果，侧重从知识创新成果质的角度进行的考虑。在实际知识增值评价过程中，通常是综合考虑这两方面的因素，使评价结果更符合实际情况。最常用的方式为使用二次求和开方的方式，同样通过下式来描述，

$$a_{tm} = \frac{1}{n} \sqrt{\sum_{i=1}^{n} (a_i)^2}$$

$$c_{tm} = \frac{1}{n} \sqrt{\sum_{i=1}^{n} (c_i)^2}$$

$$(4-10)$$

这种评价方式的优点是同时考虑群体知识增值成果的数量和质量两方面的因素。使得此评价指标看起来更加平滑，其评价结果好的群体还具有一定的鲁棒性。对比以上各种知识创新评估方式，我们引入矩阵的范数来统一进行描述，并在范数的范畴下分析群体知识增值的特性。范数的表示方式本文统一使用符号 $\| \cdot \|$ 来表示。给定任意自然数 p，对角阵的 p 范数可表示为：

$$\| diag(A) \|_p = \sqrt[p]{\sum_{i=1}^{n} |A_i|^p}$$

这样我们就可以借助范数来对以上各知识增值评估方式进行描述，从而引出其数学特性。根据群体知识增值中的成果数量实际上就是矩阵的一阶范数，即 $k \cdot k_1$；学术带头人的评价方式为矩阵的无穷范数，即 $k \cdot k\infty$；而二次求和开方的方式为矩阵的二阶范数，即 $\| \cdot \|^2$。因此群体知识增值的整体性评价指标可以统一描述如下：

$$a_{tm}^p = \| diag(A) \|_p$$

$$c_{tm}^p = \| diag(C) \|_p$$

$$(4-11)$$

知识增值评价指标的选用受到各种外在因素的影响，一般来说一阶范数主要应用于群体创新的初始阶段，而无穷范数用于长期成果评定。通常的评价指标选用主要是根据评价结果的分离度来选择的，也是出于管理效果方面的考虑，并没有考虑创新群体评价指标本身所具有的物理意义。因此，我们下面针对几个范数所代表评价指标进行对比，然后从其所代表的物理意义方面进行分析。出于分析方便，我们设定某知识创新群体是三人知识创新群体，其中每个人的知识增值能力水平完全相同。不失一般性，我们选择他们的知识增值过程如图 8-1 所示，即他们的知识增值模型中的转化能力和外显能力矩阵分别为：

$$A_1 = \begin{bmatrix} 0.5 & 0 & 0 \\ 0 & 0.5 & 0 \\ 0 & 0 & 0.5 \end{bmatrix}, C_1 = \begin{bmatrix} 0.2 & 0 & 0 \\ 0 & 0.2 & 0 \\ 0 & 0 & 0.2 \end{bmatrix}$$

$$(4-12)$$

此群体知识创新系统的一阶范数、二阶范数及其无穷范数计算结果如下：

$$a1_{tm}^1 = 1.5 \quad a1_{tm}^2 = 0.886 \quad a1_{tm}^\infty = 0.5$$

$$c1_{tm}^1 = 0.6 \quad c1_{tm}^2 = 0.3464 \quad c1_{tm}^\infty = 0.2$$

由范数的定义可知，一阶范数和无穷范数分别代表着系统可能动态的最大边界和最小边界。考虑这一特殊性，研究群体的知识创新性能的边界将对后续研究团队知识创新管理有着重要的指导作用。将其对应到知识创新动态模型，其知

识增值过程如图 8-2 和图 8-3 所示。由图中可知对于群体知识

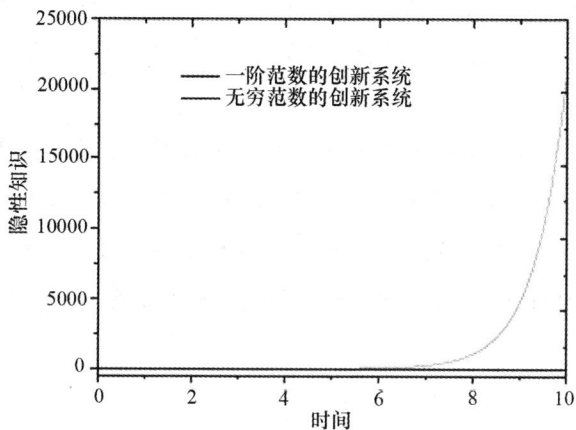

图 8-2　群体知识增值过程的隐性知识变化仿真

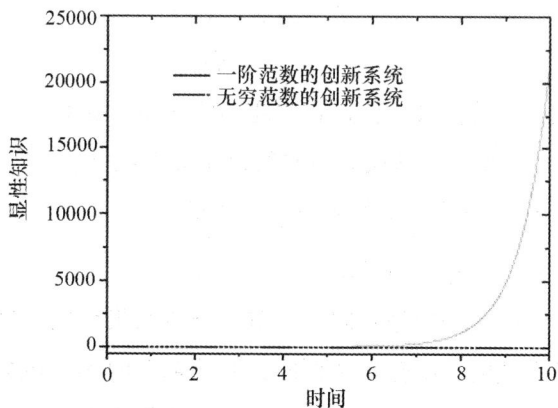

图 8-3　群体知识增值过程的显性知识变化仿真

创新系统来说，选择不同的知识增值能力评价指标，在知识创新的初期，他们之间的差别很小。然后随着时间的推移，到达某一时间点时，他们的知识增值评价结果将急剧发生变化。

以上分析了群体知识创新主体的知识增值能力无差别的情况，下面对群体知识创新主体的知识增值能力存在差别的情况进行矩阵的描述。当团队成员的知识增值能力差别较大时，假设此时此群体知识创新模型的系统矩阵为：

$$A_1 = \begin{bmatrix} 0.99 & 0 & 0 \\ 0 & 0.5 & 0 \\ 0 & 0 & 0.01 \end{bmatrix},$$

$$C_1 = \begin{bmatrix} 0.2 & 0 & 0 \\ 0 & 0.2 & 0 \\ 0 & 0 & 0.2 \end{bmatrix} \qquad (4-13)$$

根据相同的范数计算过程，此群体知识创新系统的一阶范数、二阶范数及其无穷范数计算结果如下：

$$a1_{tm}^1 = 1.5 \ a1_{tm}^2 = 1.1.91 \ a1_{tm}^\infty = 0.99$$

$$c1_{tm}^1 = 0.6 \ c1_{tm}^2 = 0.3464 \ c1_{tm}^\infty = 0.2$$

对比这两个知识创新团队的范数计算结果可知，当群体知识创新系统的一阶范数相同时，其他范数的评价指标普遍高于成员无差别的创新系统。这两个知识创新群体的边界同样可以通过计算其一阶范数和无穷范数获得，对比他们的知识创新状态边界，结果如图 8-4 和 8-5 所示，其中考虑到开始阶段各种评价指标的差别微小的特点，此图只给出了某一时间点后的状态曲线。由图可知，对于一阶范数相等群体知识创新系统最大边界由相同特性的知识创新主体组成的知识创新系统决定。根据这一特点，可以为知识创新管理提供以下两点指导。一个是群体知识创新和个人知识创新的管理指导。由于一阶范数表示系统中知识创新能力最强成员的知识创新过程，其知识增值过程仅是群体知识创新系统的下边界，因此群体知识增值的过程在隐性知识和显性知识创新方面优于个人的知识增值能力。

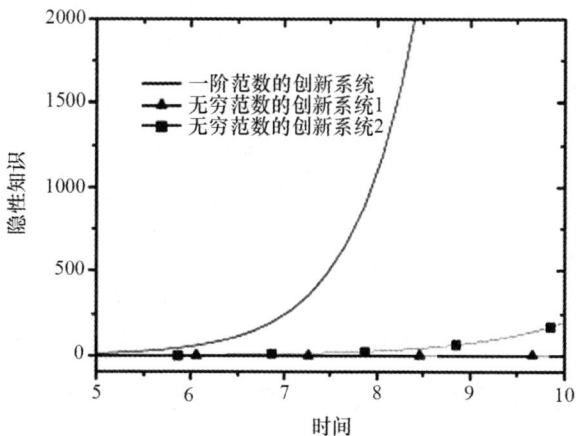

图 8-4　知识增值隐性知识变化对比

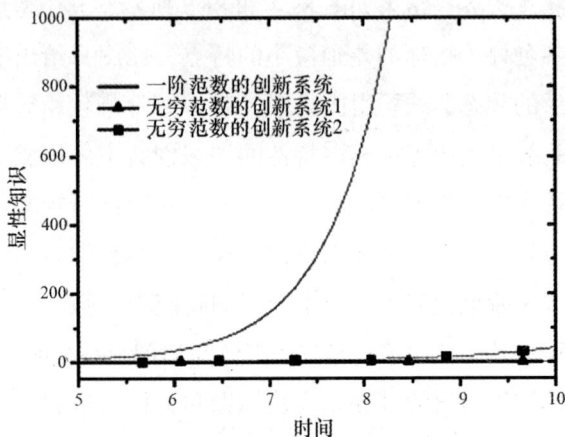

图 8-5　知识增值显性知识变化对比

从图 8-4 和 8-5 中可以看出，他们之间的差距一旦超过某一时间点，就有显著性的差异。也就是说，群体知识增值的优势就非常突出，因此，采用集体作战的方式在知识创新中也是很有效的方式。在实际现象中，主要体现在投入大量人员进行难题攻坚。另一个就是对群体人知识创新管理活动的指导。由于群体知识创新系统的一阶范数为群体知识创新系统的下边界，因此，系统中任何知识创新主体创新特性的改变，都不会降低超过此下边界。即通过改变系统成员的多样性可以提高知识创新性能的概率。在实际现象中，通过系统成员的多样性来提高多人知识创新效果已为大家所认知。

8.3　团队知识增值

团队通常是由一群为数不多的成员组成，他们知识与技能互补、彼此承诺协作、保持相互负责的工作关系，是为完成某一共同目标组成的特殊群体。团队与群体不同，一般来说，二者存在以下一些差异，如图 8-6 所示。

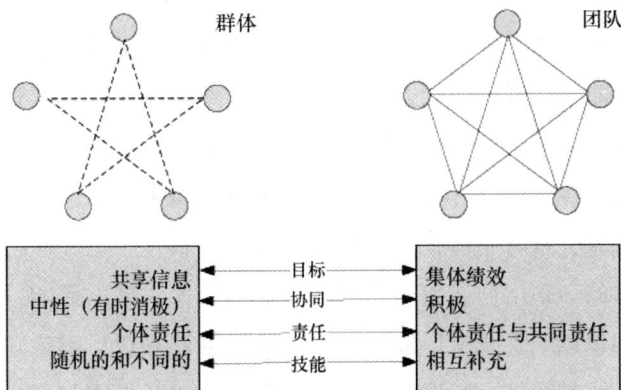

图 8-6　群体与团队的特点对比

第一，团队成员通过共同努力能够产生积极的协同作用，因此，团队绩效既依赖于个体的贡献，也取决于集体的协作；

群体的绩效仅仅是每个工作群体成员个人贡献的总和。第二，团队的工作成果既要个体负责，又要共同负责；群体的工作成果则由个体自己负责。第三，团队不仅要像群体那样具有共同的兴趣与目标，而且还要有共同的承诺。第四，团队成员的技能是相互补充的；群体成员的技能则是随机的或不同的。第五，团队成员具有较大自主权；群体成员则一般受管理者严密的监督及控制。团队是一种载体，集合各种各样的观点、视角并提炼不成熟的理念。团队促进创新，允许跨个体和跨部门的协调。

经过对群体知识创新系统的增值过程的研究，确定了此类系统的下边界。群体知识创新系统中，知识创新主体之间并没有进行知识的交互，也就是说，主体的知识增值过程是相互独立进行的。知识创新的组织者通常将群体知识创新系统的主体集中在一起，或者采用某种沟通手段在主体之间建立联系，这时主体在知识增值过程中将相互影响，使得每个主体的知识增值过程不同程度地受到其他主体的影响。此时的知识创新系统就形成了一个团队，也就是说，团队知识创新系统是指多个知识创新主体之间存在相互作用和相互联系的知识创新系统。正是在团队中出现了沟通这一重要手段，使得团队的知识增值过程变得更加多样化。为了更好地管理团队的知识创新，现对沟通对团队知识创新影响规律进行研究，然后再根据这些规律来选择合适的管理手段。在对沟通表现特点分析的基础上，对团队知识增值过程进行初步研究，之后再深入分析其影响特性。

有群体的知识增值测度模型以及群体与团队的差异性分析，我们可以推导出团队知识增值的测度模型。

沟通使创新主体形成相互了解、相互尊重的关系，使彼此能坦率地讨论各类问题，也促进了主体间竞争—合作的协同关系的形成。无论是合作还是竞争都增加了主体知识创新的动机，良好的合作关系，有利于避免冲突、缓解矛盾，增大创新主体为团队服务的愿望，增强团队凝聚力，为知识创新营造人和的条件竞争关系则增加主体的压力，促使主体更加迫切获得各类资源和他人的肯定，以实现自身价值，提供促进个人创造力的提高所需要的动力。个人创造力的增强为知识创新过程中问题的解决阶段提高了有力的保障，也为突发性顿悟或灵感的出现提供了保障，形成了知识有序结构。这样一来，团队竞争力的增强提高了团队的物质资源奖励和精神奖励，提高了团队士气，为进一步协同管理做好准备，开始再一次的循环过程。所以，在人员构成多样化的创新团队中，应引入合作—竞争的协同管理机制。

合作—竞争是创新过程的重要因素。知识创新体系中，合作意识是团队知识创新的基本要求，合作行为也是解决问题的最优方式。合作并不否定团队成员之间的竞争，各自分工所要完成的任务，团队的核心位置往往反映着各自的价值不同，创造力不同，为了得到团队的共同认可，争先恐后应该是团队效率意识的一种体现，也是团队应该建立的实现创新目标的有效机制，没有竞争，自然没有活力和效率，在竞争中激发灵感产生知识创新。团队需要合作与竞争并存，认可与冲突交织的创新氛围，以增强团队的凝聚力和创新效率。

沟通的中间载体是信息，信息是知识创新的最原始材料。信息的类别和信息量的大小都对知识创新过程有所影响。这是知识创新的一个本原问题，已经有很多人从不同角度对此问题进行了研究，到现在仍然吸引了众多学者的关注。另外，沟通的时机是团队知识增值过程性能的另一个重要影响因素。野中郁次郎提出 SECI 模型就是从隐性知识的显性化的角度，将隐性知识和显性知识的转化节点作为沟通的时机，并在此层次上分析了团队知识增值的规律。还有沟通手段的选择，沟通手段的差异将造成不同程度信息传递丢失和信息传递延迟。正是沟通天然存在的这种不确定性，使得团队知识增值规律变得复杂多样，同时也给不断提高团队知识创新性能提供了手段。为了进一步加强团队知识创新的有效管理，就需要在现有基础上，分析"沟通"在更低层次上对团队知识创新系统的影响。团队知识创新系统将随着沟通的减弱，更加逼近群体知识创新系统。也就是说，相对于群体知识创新系统，考虑知识创新主体之间的相互影响就成了团队知识增值测度模型。在仅考虑沟通的直接效果，而不考虑沟通条件约束的前提下，也就是仅考虑主体之间在知识增值过程上的相互影响，将有助于进一步分析团队知识创新的规律。这样，我们就可以采用相同的方法，实现团队知识增值测度模型的构建。针对团队主体之间的知识增值过程的相互影响关系，团队知识增值的状态方程及其创新输出模型可描述为：

$$X = F\ (X,\ B)$$

$$Y = G\ (Y,\ D) \tag{4-14}$$

式中　$F = (f_1, f_2, \cdots, f_n)\ T$——为团队中每个个体的创新状态函数；

$G = (g_1, g_2, \cdots, g_n)\ T$——为团队中每个个体的创新输出函数；

对于单次创新过程来说，团队中主体的知识增值也可以认为是线性的，但是团队主体的隐性知识状态却受到他人不同程度的影响，因此团队知识增值系统的线性化模型形式上同群体知识增值模型很相近，甚至形式上具有相同的表达式。但是隐性知识的转化矩阵的非对角线元素已经不是全部为零，即团队知识增值的近似线性化模型为：

$$DX = AX + B$$

$$Y = CX + D \tag{4-15}$$

其中团队隐性知识的转化能力完全由矩阵 A 来表征，显性知识的外化效能完全由矩阵 C 来表征。[①]

在分析群体知识增值中，给出了两种群体创新模型。为了对比分析，我们仍然选择相同的成员，这样就提供了对比分析的基础。也就是说，团队知识增值分析中，其成员的基本素质同群体成员的基本素质是一样的，仅仅是组织方式不同。群体成员之间不存在固定的联系和管理，而创新主体之间存在一定的交流方式。为了不失一般性，选择第一个群体创新模型成员随机组成团队创新模型。

随机组成是指任意选择一种团队的组成方式或组织结构。在随机组成团队创新模型的过程中，为了重点分析隐性知识的转化能力，这里假设外显能力由成员独自完成。考虑到近似线性化条件，这里采用小扰动来生成正随机数。生成正随机数的原因为，在小扰动的条件下，沟通带来的效果为正向的。但最优平衡状态的就未必完全是正方向效果，这里主要是针对群体创新系统来说的。此团队知识增值测度模型的转化能力和外显能力矩阵分别为：

$$A_1 = \begin{bmatrix} 0.5 & 0.003 & 0.06 \\ 0.1 & 0.5 & 0.11 \\ 0.07 & 0.2 & 0.5 \end{bmatrix}, \ C_1 = \begin{bmatrix} 0.2 & 0 & 0 \\ 0 & 0.2 & 0 \\ 0 & 0 & 0.2 \end{bmatrix}$$

---

① 吴杨、孙长雄、孟丽艳：《引入协同管理的科研团队知识创新系统分析》，第十一届中国管理科学学术年会论文集，2009 年，第 654—658 页。

根据不同范式的知识增值性能的评价方式，可计算此团队知识创新系统的一阶范数、二阶范数及其无穷范数计算结果如下：

$$a1_{tm}^1 = 2.07 \quad a1_{tm}^2 = 0.9064 \quad a1_{tm}^\infty = 0.5$$

$$c1_{tm}^1 = 0.6 \quad c1_{tm}^2 = 0.3464 \quad c1_{tm}^\infty = 0.2$$

如果将所有团队的个体的集合看作一个群体，它们个体之间不存在相互交流学习关系。在这样的情况下，我们将团体和群体之间的知识增值情况进行对比。团队相对于群体的知识增值的相互关系如图 8-7 和 8-8 所示。

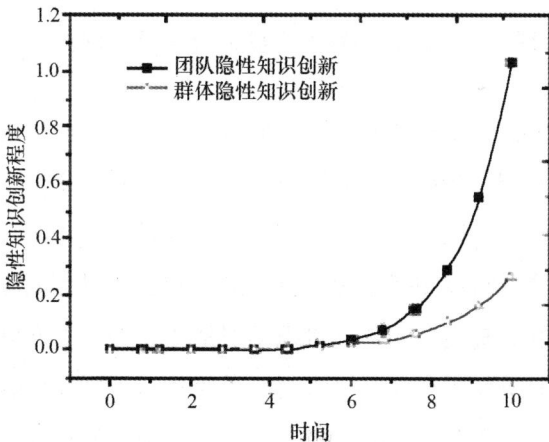

图 8-7　团队与群体的隐性知识增值仿真对比

对比团队和群体知识增值过程，在开始阶段他们并没有

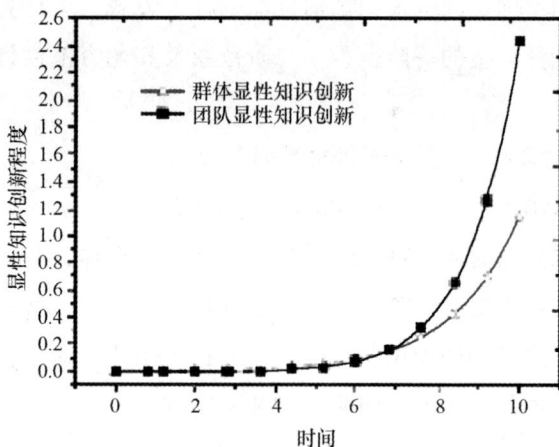

图 8-8　团队与群体的显性知识增值仿真对比

太大区别。甚至团队的知识增值效果略微低于群体的知识增
值效果。但是到后期团队知识增值的效果明显要好于群体创
新。主要的原因就是团队学习创新矩阵是非对角矩阵，即创
新主体之间可以相互学习交流。随着相互学习交流方式的磨
合和强化，提高了团队的组织学习能力。对比上面创新系统
范数的计算结果可知，团队创新系统相对于群体创新系统具
有独特性。首先在成员的最大个人隐性知识转化能力相等的
条件下，团队创新系统有着更佳的隐性知识转化能力。其次
从二阶范数的计算结果可以看出，即使团队中存在微小沟通
的情况下，也有可能实现很强的隐性知识转化能力。

8.4　知识增值的核心矛盾解读

万事万物从来都不是孤立存在的，只要进入了人类的视野，这些事物就会演化成人类世界中某个问题的解决方案。比如轮船是航海问题的解决方案；我们平时吃的罐头是食物保存问题的解决方案；组建一个团队是提高工作效率这个问题的解决方案。[①] 再看深一步，万事万物不仅是一个问题的解决方案，它也内含了一对矛盾。比如轮船，它就内含着一个矛盾。就是怎么才能在增加稳定性的前提下，让船身的阻力更小。此时矛盾出现了，因为要想增加稳定性，最直接的办法就是把船身变宽。但是宽度增加后，又势必会增加前进的阻力。一边要提高稳定性，同时要减少阻力，这就是设计轮船要平衡的矛盾。再比如罐头不仅密封、结实，而且还必须得容易打开。所以密封结实和容易开启，又是一对矛盾。再比如组建团队，增加人手是为了提高效率。但人一多又意味着沟通成本要增加，这又会降低效率，这也是一组矛盾。

---

① Minbaeva, D. B. Knowledge *transfer in multinational corporations* ［J］. Management International Review, 2007, 47 (4)：567-593.

因此我们生活周边的万事万物，都内含了一组矛盾。它存在的意义，就是在艰难地平衡着这组矛盾。[①]

团队知识增值过程的核心矛盾是什么呢？是团队创新过程中的主要问题的发现与转化机制的确立。为什么人类的大部分团队的努力，都没有实现只是增值和创新？根源是因为绝大多数努力，都是在原有的矛盾里面打转转，没有推动老矛盾转化成新矛盾。比如说，一个团队有 10 个员工干工作。如果当前团队的瓶颈问题是工作量大和人数少。那怎么办？你让他们加班。八小时不够，那就 996？996 再不够，就干脆不休息？这么干，只是把这只骆驼往最终被压垮的极限去逼而已。原来事物中的矛盾还在嘛，很多努力只是让这个矛盾脱离了平衡，往极端去演化。所以很多努力，不管多努力，创新并没有发生，矛盾还在。那怎么办？所谓有洞察力的人，就是一眼就能够抓住事物的核心矛盾的人。而所谓有创造力的人，就是能把这个老矛盾消灭，然后转化成别的矛盾的人。这里要向你介绍一个人，苏联发明家阿奇舒勒，他就创立了"问题解决通用技术，TRIZ"。

阿奇舒勒就认为：解决一个现实中的麻烦，首先应该明确的是这个麻烦背后的核心矛盾是什么。就拿刚才说的食品

① Wang, P., Tong, T. W., and Koh, C. P. *An integrated model of knowledge transfer from MNC parent to China subsidiary* [J]. Journal of World Business, 2004, 39 (2): 168-182.

图 8-9　TRIZ：问题解决通用技术

罐头为例，密封性和易打开性是相对立的两个因素，那么有没有方法可以兼顾两者呢？对，要认可这个矛盾，然后把它兼顾了。虽然这是一对矛盾。这就是所有创新性解决方案的起点。顺着这条思路，就容易发明易拉罐罐头，或者是罐头开瓶器。说一个阿奇舒勒自己的故事，你就明白他的 TRIZ 思考法的含义了。阿奇舒勒曾经被捕入狱。监狱对他整夜审讯，白天也不让他睡觉。阿奇舒勒明白，如果这样下去他肯定活不成，于是他先分析这个状况的核心矛盾。他把问题确定为：我怎么才能同时既睡又不睡呢？这项任务看起来很难完成。他被允许的最大限度的休息是在椅子上坐着，但是必须睁着眼。这意味着，要想睡觉，他的眼睛必须同时又睁着又闭着。这就是矛盾的核心。想到这儿，把这个矛盾把握住，解决方案就快出来了，下面就容易了。他怎么干的呢？他从烟盒上撕下两片纸，用烧过的火柴头在每片纸上画一个黑眼珠。然后把两片"纸眼珠"蘸上口水粘在眼睛上。然后他就坐着，安然入睡。这样他天天都能睡觉。以至于他的审讯者很奇怪，为什么每天夜里审讯他时他还那么精神。

诺基亚在做智能手机时，面临一个特别大的挑战，那就是你其实是在生产一台本质上是电脑的手机，这意味着必须同时达到两个目的：第一，键盘必须是全键盘，而不是九宫格的键盘，九宫格的键盘对功能手机是够用的，对于智能手机是不够用的；第二，既然是智能手机，那不仅仅是显示一个电话号码、显示点短信的问题，它的屏幕要尽可能的大，屏幕上要显示很多的图文。这两个诉求都是必不可少的，同时它又是正好对立的。手机就那么大，屏幕大了就意味着给键盘留下的空间小，键盘是不能够无限压缩的，屏幕也是不能够压缩的。这个悖论非常折磨诺基亚，诺基亚想了很多的办法但是都没有解决这个问题，他们总是试图去调节屏幕和键盘的矛盾。最后这个非常让人头疼的矛盾，就是被苹果公司转化了，苹果做出了一个让人耳目一新的创新：使用触屏，这能够让键盘很大，屏幕也很大。

一个创新团队，不是找那些显而易见的解决方案，不是

在老问题中迁就其中一项恶化另外一项，而是找到那个核心
问题。① 再举个例子，一个实验室的一批科学家要把一个天
文望远镜发射进太空，主要问题是什么？是火箭的发射舱太
小不可能运输直径过大的镜面，而天文望远镜一定是镜面越
大观测能力越强，这就是核心矛盾。你要想解决这个问题，
想把镜面变小一点，迁就发射舱，或者想办法把发射舱做大。
这个团队都没有实现知识增值。为什么？因为原来的关键问
题仍然存在。团队想要实现知识增值是要想办法，让这个镜
面既大又小。看似不可能吧？怎么能让镜面又大同时又小呢？
其实答案就出来了。用折叠的望远镜。把望远镜先折叠起来，
缩小它的表面积，让火箭运到太空后再充分展开，关键问题
被消灭，实现了创新中的知识增值。

　　在英文中，至少有三个单词都可以译成"问题"，它们
是：Question、Problem 和 Puzzle。那这三个词的区别是什么
呢？Question 往往是表述模糊的问题，比如，我怎么才能幸
福啊？人生的道路该如何走？等等，这都是 question。这种问
题能被回答但是不能被解答。很多人只能问出这样的问题，
但其实他并不知道他到底在问什么。再来看英文中的第二个
代表"问题"的词：Problem。这个词指的是可以明确界定下

　　① Park, B. I., Giroud, A., and Glaister, K. W. *Acquisition of managerial know
ledge from foreign parents*：*Evidence from Korean joint ventures*［J］. Asia Pacific
Business Review, 2009, 15 (4)：527-545.

来的问题，所以它不仅可以被回答，还可以被解答。比如，公司今年利润下滑怎么办？我体重超标了怎么办？这种问题就好多了，因为可以解答了。但是这还不是最好的问题，因为答案会有很多种，问问题的人还是搞不清该怎么选择。那什么才是最好的问题，那就是英文词 Puzzle。Puzzle 中的问题是非常清晰的，是被良好定义过的问题。比如，我们中小学时候做的数学题，就是这种 puzzle。比如我们刚才提到的太空望远镜。如果你问的是，"如何设计一款太空望远镜"，这是个 question。聊聊就好了，你不可能得到一个靠谱的答案。如果你的问题改成"如何解决太空望远镜的口径大小和运输可行性之间的矛盾"，这问题就好多了，你的 question 变成了一个 problem，变得可以被解决了。但可以再进一步收窄，"如何借鉴折纸的方法，设计一款太空望远镜的可折叠结构"，这就变成了一个 puzzle。这就像数学题一样，是最终可能把它解开的。讲到这里我们才可以理解为什么阿奇舒勒说："创造力就是正确表述问题的技能。"

农夫山泉的市场价值定位就是价值增值和创新的经典案例，当时纯净水的老大叫娃哈哈，矿泉水的老大叫康师傅，你要卖水，你 PK 不过娃哈哈，也 PK 不过康师傅，所以有个水很聪明，它说消费者最想喝什么，两个字——天然。所以农夫山泉就定位天然。

当前，人们对食品安全的担忧提升到了一个前所未有的

图 8-10 农夫山泉的创意

高度，迫切需要关注健康、绿色安全的食用型产品出现。

农夫山泉广告词创意分析：农夫山泉的这个广告向我们介绍了农夫山泉饮用水是健康安全的，表现清晰，尤其是我们是大自然的搬运工的广告语，简洁有力而富有内涵，这句广告语突出农夫山泉天然的产品属性，真正了解了消费者的内心，很容易与消费者产生共鸣。

正如乔布斯所说，客户不知道他需要什么，除非你创造需求。创意正式创造的来源。众所周知，苹果公司给全世界带来的一波又一波创新性的冲击，深刻地改变了人们的生活方式，其灵魂恰恰是乔布斯的伟大创意。他的创意，来源于东西方文化的融合，来源于乔布斯在喜马拉雅山脉对东方文化的朝圣之旅。所以，与其说苹果是创新的产物，不如说它是创意的结晶。它高高飘扬的经幡，诠释了文化的博大精深。

创造力，不是什么神秘的东西，它是一种信仰，它不相信在原来的矛盾里打转转能够解决问题。创造力的起点，是正确表述问题，是看见矛盾，承认这个矛盾，然后到别处找到方案，解决它的过程。有句话说得好："如果你的钥匙丢了，那它肯定不会在锁的旁边。"创新就是看见那把锁，然后到别处去找到钥匙的过程。

第四篇

知识创新系统的协同框架

第九章
复杂的知识创新系统

把简单的事情考虑得很复杂，可以发现新领域；把复杂的现象看得很简单，可以发现新定律。

——牛顿

所有科学中最重大的目标就是，从最少数量的假设和公理出发，用逻辑演绎推理的方法解释最大量的经验事实。

——爱因斯坦

知识创新系统是一个开放、动态的系统，知识创新在自组织活动中完成着系统内部各种要素之间相互作用，同时也与外界环境不断进行着物质、能量和信息的交换。整个过程是平衡有序结构形成的过程。创新系统特性与耗散结构论、突变论、协同论等自组织理论结合到一起，可以更深入地刻画知识创新的系统活动过程。

9.1 知识创新系统构建

系统动力学定义系统为一个由相互区别、相互作用的各部分有机地联结在一起，为同一目的而完成某种功能的集合体。同时系统动力学认为，客观世界的系统都是开放系统。系统内部组成部分之间相互作用形成一定的动态结构，并在内外力的作用下按照一定的规律发展演化。因此，团队知识创新系统是一个开放、动态的系统，系统内部各种要素之间以及与外界环境之间不断进行着物质、能量和信息的交换，无论是旧知识向新知识的演化，还是知识要素的重新组合及其首次应用，都是远离平衡有序结构形成的过程。可以说，知识创新系统的要素及要素间的互动形成了团队知识创新过程。

构建知识创新系统，主要以知识创新为管理目标，从系统的角度，对知识创新过程进行整体促进。知识创新系统的组成要素主要由知识创新输入—输出通道、知识创新主体、知识创新内部环境—资源、知识创新障碍及反馈等要素组成，如图 9-1 所示。这些要素及要素间相互作用也是知识创新协同管理的主要对象。①

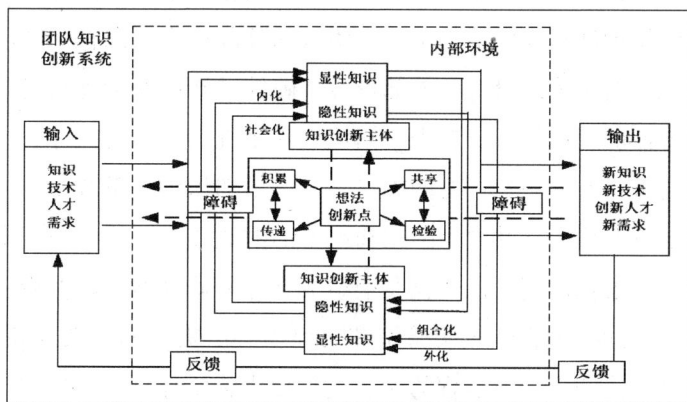

图 9-1　知识创新系统

---

① 吴杨：《团队知识创新过程及其管理研究》，哈尔滨工业大学博士学位论文，2009 年。

输入—输出通道

知识创新的输入—输出通道是创新系统内部与外界进行物质交换的通道，是基于自身知识资源条件下，不断地从外部环境吸收引进新的资源，在系统内部不断运行、转化后，输出知识创新成果的过程。一个创新系统可能包含了多个具体的创新团队，不同的团队承担了不同的任务。团队与外部其他团队，生产单位及上级主管部门的关系最为密切。这些团队和部门单位，既是团队资源需求的输入来源，同时也是其知识创新成果的输出单位。团队的外部输入资源包括核心知识创新主体的投入、外部资金、硬件设施以及管理机制等多方面的资源投入。首先，知识创新系统的主体是人才，人才是最具有核心竞争力的因素之一，是知识创新系统不可或缺的资源输入；其次，国家和地方的财政资金、风险投资资金、社会捐赠资金以及校友捐赠资金等科研经费，以及隶属于高校的各类、各级实验室和研究中心所提供的经费支持，都将会为知识创新过程的顺利进行提供物质保证；再次，信息网络和电脑终端设备等硬件设施的完善以及各类交流平台有效运行都将会加速知识创新的活动进程；最后，属于思想意识形态的范畴的知识创新系统的管理要素在知识创新过程中起着辅助、修正、引导的作用，是知识创新不可或缺的制度保障。[1]

知识创新系统也向外部输出创新成果，其中包括向外部环境提供可转化为生产力的知识资本，如科学发现、创新的理论、技术发明、专利等知识创新成果。知识创新增值主要表现在创新系统的知识创新成果输出应大于资源输入。

创新主体

知识创新主体主要指从事知识创新活动的人，也是想法和创新点产生的载体。在知识创新系统中，创新主体的知识资本在知识创新系统中发挥主要作用，个人知识积累、个人知识结构及组织文化和信息资源构成了团队知识资本，其想法和创新点的不断产生也构成了知识网络。同时，知识创新主体需要有三种不同类型的技能。第一，需要具有创造力较强的技术专长的创新主体；第二，需要具有问题解决和决策技能的人，他们能够发现问题、提出解决问题的建议，最后做出有效选择；第三，需要具有善于解决冲突及其他人际关系和提供反馈的成员。某种类型的人过多，会以另两种类型的缺乏为代价，并导致知识创新绩效的降低。这三类技能的成员拥有不同人格特征，可以在后续的知识创新领域中相互

----

① 吴杨、苏竣：《科研团队知识创新系统的复杂特征及其协同机制作用机里研究》，《科学学与科学技术管理》2012年第1期，第148—158页。

弥补，协同作战。

创新内部环境

内部环境主要指创新体系内部的环境，包括知识创新主体的竞争—合作关系、创新气氛以及可以为知识创新提供服务的各类资源。知识创新过程需要各种合作和竞争。如果创新主体的知识积累、知识结构、创新动机、思维方式等都相同，这种合作的内部环境就不利于产生创新成果。合作创新并不否定创新主体之间的竞争，各自分工所要完成的任务，谁先谁后，往往反映着各自的努力程度不同，创新能力不同。为了得到创新团队的共同认可，争先恐后不断地充实自己以获得团队中的核心地位，应该是创新体系效率意识的一种体现，也是知识创新体系应该建立的内部环境。没有竞争，自然没有活力和效率，因为竞争能为创造性思维提供动力。知识创新体系也需要创新的气氛，尊重个人的思想独立性和学习自主性；允许创新失败并鼓励在失败中吸取经验教训；建立学习团队，并鼓励知识分享；建立创新主体之间的信任和友情，形成了集体凝聚力建立共同团队目标及愿景。团队是各种资源的集合体，资源只是知识创新活动的外部条件，也就是说资源本身并不能创造知识，也不能作为知识的替代品，它仅仅是支持条件。完善的内部环境—资源能够成为知识创新每个过程中的催化剂。[①]

创新障碍

知识创新的障碍包括主观障碍因素和客观障碍因素。主观障碍是指团队个人沟通不畅导致个人独占思想或不愿创新。客观障碍因素，如知识创新的时间、空间等的原因，或者知识的隐性程度较高很难进行传递，或者团队创新能力不足及团队组织创新文化氛围缺失，资源准备不足或调配不善。在本书6.1节已经对此进行过分析，这里不再重复。

反馈

反馈是知识创新系统通过外部约束和创新结果来调节知识创新系统要素的相互关系，使创新系统的整体功能得以稳定发挥。反馈对知识创新系统的运动有自动调节作用。系统反馈包括一个方向的两个反馈，即内部反馈和外部反馈。内部反馈针对知识创新过程出现的问题进行反馈，如对个人知识创新结果检验的正确性进行反馈，对个体沟通是否及时、知识创新是否存在障碍等进行内部反馈。外部反馈针对知识创新输出成果的反馈，如系统外部对创新体系中知识创新成

---

① 吴杨：《团队知识创新过程及其管理研究》，哈尔滨工业大学博士学位论文，2009年。

果推广价值的反馈，以及外部的信息、社会需求等作为新的
输入信号反馈给创新系统，这也是新一轮知识创新方向的指
导。内部反馈是指系统内部知识创新过程反馈，外部反馈是
指知识创新系统各个要素的整体反馈。当某一要素的运动不
符合系统的整体行为时，反馈机制将应对变化的环境进行自
我调整。在自我调整中，不是被动地对所发生的事件做出反
应，而是积极地试图将所发生的一切都转化为对自身有利的
东西。在反馈的作用下，系统中知识创新过程是循环往复的。

9.2　知识创新系统的自组织条件

　　一般来说，组织是指系统内的有序结构或这种有序结构
的形成过程。德国理论物理学家 H. Haken[①] 认为，从组织的

---

　　① 　德国物理学家。协同学的创始人。1927 年生于德国，1951 年获埃尔朗
根大学数学哲学博士学位并留校任教，1956 年任理论物理学讲师，1960 年任斯
图加特大学理论物理学教授，主要从事激光理论和相变研究。1969 年提出协同
学一词。他建立序参量演化的主方程；解决了导致有序结构的自组织理论的框
架，并用突变论在有序参量存在势函数的情况下对无序—有序的转换进行归类，
于 70 年代创立了协同学。协同学是研究协同系统从无序到有序的演化规律的新
兴综合性学科。协同学适用于非平衡态中发生的有序结构或功能的形成，也适
用于平衡态中发生的相变过程。哈肯的学派之一。著作有《激光理论》《协同
学——物理学、化学和生物学中的非平衡相变和自组织引论》。

进化形式来看，可将组织分为两类：他组织和自组织。依靠系统外部指令而形成组织是为他组织；不存在外部指令，系统按照相互默契的某种规则，各尽其责且又协调地自动地形成有序结构，就是自组织。自组织现象无论在自然界还是在人类社会中都普遍存在。一个系统自组织属性愈强，其保持和产生新功能的能力也就愈强。

　　自组织理论①作为 20 世纪 60 年代末期开始建立并发展起来的一种系统理论，研究对象主要是复杂自组织系统的形成和发展机制问题。有学者认为"自组织"是现代非线性科学和非平衡态热力学的最令人惊异的发现之一。基于对物种起源、生物进化和社会发展等过程的深入观察和研究，一些新兴的横断学科从不同的角度对"自组织"的概念给予了解说。

　　从系统论的观点来说，"自组织"是指一个系统在内在机制的驱动下，自行从简向繁、从粗向细方向发展，不断地提高自身的复杂度和精细度的过程。从热力学的观点来说，"自组织"是指一个系统通过与外界交换物质、能量和信息，而不断地降低自身的熵含量，提高其有序度的过程。从进化论的观点来说，"自组织"是指一个系统在"遗传"、"变

---

　　①　自组织理论是关于在没有外部指令条件下，系统内部各子系统之间能自行按照某种规则形成一定的结构或功能的自组织现象的一种理论。该理论主要研究系统怎样从混沌无序的初态向稳定有序的终态的演化过程和规律。

异"和"优胜劣汰"机制的作用下，其组织结构和运行模式不断地自我完善，从而不断提高其对于环境的适应能力的过程。C. R. Darwin[①]的生物进化论的最大功绩就是排除了外因的主宰作用，首次从内在遗传突变的自然选择机制的过程中来解释物种的起源和生物的进化。从结构论—泛进化理论的观点来说，"自组织"是指一个开放系统的结构稳态从低层次系统向高层次系统的构造过程，因系统的物质、能量和信息的量度增加而形成。比如生物系统的分子系统、细胞系统到器官系统乃至生态系统的组织化度增加，基因数量和种类自组织化和基因时空表达调控等导致生物的进化与发育过程。可见知识创新系统也有自组织属性，否则就失去了存在的基础和发展的动力。

知识创新系统在自组织演化过程中，由于其内部的开放条件，不断吸收外来知识，知识碰撞诞生新的思想和理念的非线性特征，知识创新过程中的顿悟与停滞带来的涨落，都证明了知识创新系统的自组织特征。

---

① 查尔斯·罗伯特·达尔文（Charles Robert Darwin, 1809-1882），英国生物学家，进化论的奠基人。曾经乘坐贝格尔号舰作了历时 5 年的环球航行，对动植物和地质结构等进行了大量的观察和采集。出版《物种起源》，提出了生物进化论学说，从而摧毁了各种唯心的神造论以及物种不变论。除了生物学外，他的理论对人类学、心理学、哲学的发展都有不容忽视的影响。恩格斯将"进化论"列为 19 世纪自然科学的三大发现之一（其他两个是细胞学说、能量守恒转化定律），对人类有杰出的贡献。

　　除此之外，知识创新系统的自组织特征还体现在其本身的循环特征。循环是指事物周而复始的运动和变化，指系统从某一状态出发，经过一系列变化再回到初始状态的过程。比循环高一级的形式是反应循环，反应循环是一种多步骤的化学反应序列，某一步的产物恰好是前一步的反应物所构成的循环。比反应循环高级的组织形式是催化循环。催化循环是指至少存在一种能够对反应本身进行催化的中间物的反应循环，特指由相互催化的催化剂或者相当于催化剂作用的反应循环所构成的循环网络系统，这里的催化剂由催化循环自身产生。超循环又是至少包含一个催化循环的循环，是循环套循环再套循环的更高级循环。超循环一方面使系统要素的结合更紧密；另一方面使物质、能量和信息被系统多次利用、反复利用，从而获得更大的产出比。以上两方面最终导致系统不断远离平衡态，非线性特征不断得到增强①。

　　知识创新系统中，要素之间由于协同合作和竞争产生的原动力就像是催化剂，使要素之间的结合产生超循环反应，即每个要素在完善成长的同时，又对新知识、新观点、新领域的产生提供催化支持，如此循环发展，螺旋式上长。要素

---

　　①　在生命现象中包含许多由酶的催化作用所推动的各种循环，而基层的循环又组成了更高层次的循环，即超循环，还可组成再高层次的超循环。超循环系统即经循环联系把自催化或自复制单元连接起来的系统。在此系统中，每一个复制单元既能指导自己的复制，又能对下一个中间物的产生提供催化帮助。

的知识量或者是信息量的积累、提取都不可能在一个过程中完成，而会在多个阶段、多个领域被循环使用，因此，每一次的结合，都会丰富着知识量或信息量的内容，增加着知识量或信息量的储备，不断地向创新目标靠近，完成一次超循环反应。

9.3　知识创新系统的耗散结构特征

耗散结构是指一个远离平衡的开放系统，在不断与外界交换物质和能量的过程中，通过内部非线性动力学机理，自动从无序状态形成并维持的在时间上、空间上或功能上的有序结构状态，或叫非平衡有序结构。[①] 在平衡态和近平衡态条件下，涨落是一种破坏稳定有序的干扰，但在远离平衡态条件下，非线性作用使涨落放大而达到有序。偏离平衡态的开放系统通过涨落，在越过临界点后"自组织"成耗散结

---

① 耗散结构理论是普里高津（I. Prigogine）提出的，已引起物理学、化学、生物学、材料科学、经济学等学科的广泛注意。普里高津因此而荣获 1977 年度诺贝尔化学奖。耗散结构，实质上就是非平衡系统中的自组织状态。耗散结构理论是非线性非平衡态热力学，其基本思想是认为非平衡是有序之源，涨落是非平衡相变的触发器。系统开放性、远离平衡态、非线性作用及微观过程协同性是出现耗散结构的必要条件。

构，耗散结构由突变而涌现，其状态是稳定的。耗散结构理论指出，开放系统在远离平衡状态的情况下可以涌现出新的结构。地球上的生命体都是远离平衡状态的不平衡的开放系统，它们通过与外界不断地进行物质和能量交换，经自组织而形成一系列的有序结构。可以认为这就是解释生命过程的热力学现象和生物的进化的热力学理论基础之一。在生物学上，微生物细胞是典型的耗散结构。在物理学上，典型的例子是贝纳特流。广义的耗散结构可以泛指一系列远离平衡状态的开放系统，它们可以是力学的、物理的、化学的、生物学的系统，也可以是社会的经济系统。耗散结构理论的提出，对于自然科学以至社会科学，已经产生或将要产生积极的重大影响。耗散结构理论促使科学家特别是自然科学家开始探索各种复杂系统的基本规律，开始了研究复杂性系统的攀登。

一个典型的耗散结构的形成至少需要具备三个基本特征。

首先，对于孤立系统，由热力学第二定律可知，其熵①

---

① 熵，在热力学中是表征物质状态的参量之一，用符号 S 表示，其物理意义是体系混乱程度的度量。克劳修斯（T. Clausius）于 1854 年提出熵（entropie）的概念，我国物理学家胡刚复教授于 1923 年根据热温商之意首次把 entropie 译为"熵"。熵最初是根据热力学第二定律引出的一个反映自发过程不可逆性的物质状态参量。热力学第二定律是根据大量观察结果总结出来的规律：在孤立系统中，体系与环境没有能量交换，体系总是自发地向混乱度增大的方向变化，总使整个系统的熵值增大，此即熵增原理。摩擦使一部分机械能不可逆地转变为热，使熵增加，所以说整个宇宙可以看作一个孤立系统，是朝着熵增加的方向演变的。

不减少，不可能从无序产生有序结构。系统必须是开放系统，耗散结构理论强调系统的开放性，开放系统是产生耗散结构的前提，对于一个创新系统而言，"开放"是至关重要的。系统需要与外界环境永不间断地交换，与外界的能量和物质交换产生负熵流，使系统熵减少形成有序结构。知识创新系统是实时开放系统。创新整个过程都在与外界保持联系，并不断与外界保持物质、能量和信息的交换。耗散即强调这种交换。

其次，系统必须处于远离平衡态，耗散结构理论强调了非平衡的状态是有序之源，系统中某个微小的变化会带来大的结果性偏差，在平衡区或近平衡区都不可能从一种有序走向另一更为高级的有序。知识创新系统不断地吸收外界最新的信息和知识，经过输入—输出通道产生了新的知识，这种不断地接收信息和输出知识的过程就是无序信息向有序知识方向完善和发展，是实现知识增量不断循环上升的过程。也是知识从低级到高级的跃迁，从无序结构到有序结构的形成动态过程。

最后，系统中必须有某些非线性动力学过程，如正负反馈机制等，正是这种非线性相互作用使得系统内各要素之间产生协同动作和相干效应，从而使得系统从杂乱无章变为井然有序。知识创新系统是一个复杂性系统。由创新主体、反馈、障碍等子系统组成，而每个子系统嵌套多个次级要素，其内部呈现非线性特征，所以知识创新系统具有复杂性。[①]

因此，知识创新系统与耗散结构具有一致性。首先，知识创新系统是一个开放系统，此系统与耗散结构都涉及系统问题；第二，二者都涉及有序结构的形成过程。耗散结构是一般系统中有序结构的形成问题，而知识创新系统则是促使旧知识向新知识演化的过程，也是想法向创新点转化激发的过程，都是远离平衡有序结构形成的过程。所以，知识创新系统具有远离平衡有序的耗散结构特性。

---

① 吴杨、苏竣：《科研团队知识创新系统的复杂特性及其协同机制作用机理研究》，《科学学与科学技术管理》2012年第1期，第148—158页。

第十章

知识创新系统的动态协同效应

一颗大的钻石如果打得细碎的话，这些小碎片价值之总和，无法和它原本的价值相比较。

——叔本华

一大堆火所发出的热度和几堆小火所发出的热度是完全不同的。

——克劳塞维茨

　　协同理论告诉我们，系统能否发挥协同效应是由系统内部各要素或组分的协同作用决定的，协同得好，系统的整体性功能就好。各要素内部以及他们之间相互协调配合，共同围绕目标齐心协力地运作，那么就能产生强大的协同效应；反之，如果一个管理系统内部相互抑制、离散、冲突或摩擦，就会造成整个管理系统内耗增加，系统内各要素难以发挥其应有的功能，致使整个系统陷于一种混乱无序的状态。如何使这些要素更好的相互作用，发挥出最优效果，我们希望运用协同管理机制，加强各要素的联系使其更好的耦合，共同促进知识创新。①

10.1　团队知识创新：协同论的景观

协同论具有普适性特征

协同是系统整体性、相关性的内在表现，是系统由无序

---

　　① 吴杨：《团队知识创新过程及其管理研究》，哈尔滨工业大学博士学位论文，2009年。

走向有序的内在动力。由于协同论属于自组织理论的范畴，其使命并不仅仅是发现自然界中的一般规律，而且还在无生命自然界与有生命自然界之间架起了一道桥梁。由此可见，协同论所揭示的一般原理和规律，不仅为我们研究自然现象，而且为我们研究社会、组织以及团队这样一些复杂性事物的演化发展规律提供了新的原则和方法。协同论对揭示无生命界和生命界的演化发展具有普适性意义。另外，从协同论的应用范围来看，它已广泛应用于各种不同系统的自组织现象的分析、预测以及决策等过程中。如城市发展、经济繁荣与衰退，技术革新和经济事态发展等方面的各种协同效应问题。因此，协同论作为一门研究完全不同学科中共同存在的本质特征为目的的系统理论，其广泛的适用性或普适性是显而易见的。正是它的这种普适性，把协同论引入知识创新系统研究，必将对知识创新系统管理理论的发展以及对解决团队创新中的问题具有启迪意义，提供了新的思维模式和理论视角。

知识创新系统特性具备了自组织实现的条件

协同论的自组织原理表明，任何系统如果缺乏与外界环境进行物质、能量和信息的交流，其本身就会处于孤立或封闭状态。在这种封闭状态下，无论系统初始状态如何，最终其内部的任何有序结构都将被破坏，呈现出一片封闭的景象。因此，系统只有与外界通过不断的物质、信息和能量交流，才能维持其生命，使系统向有序化方向发展。知识创新系统特性已经具备了自组织实现的条件。首先，知识创新系统必须具有开放性。这一点我们在上一章已经讨论过系统能与外界进行物质、能量和信息的交流，确保系统具有生存和发展的活力，呈现出各个组成要素没有的新功能。其次，系统各要素之间存在整体性和相关性，各个要素的功能不是简单的叠加，具有非线性相关性，其内部各要素必须协调合作，减少内耗，充分发挥各自的功能效应。协同论的自组织原理旨在解释系统从无序向有序演化的过程，实质上就是系统内部进行自组织的过程，协同是自组织的形式和手段。由此可以认为，知识创新系统要想从无序的不稳定状态向有序的稳定状态转变，实现自我完善和发展，自组织是达到这一目的的根本途径。[①]

10.2　破解动态协同机制：系统动力学的逻辑

系统动力学认为，客观世界的系统都是开放系统。系统

---

① 吴杨：《团队知识创新过程及其管理研究》，哈尔滨工业大学博士学位论文，2009 年。

内部各组成部分之间相互作用形成一定的动态结构，并在内外力的作用下按照一定的规律发展演化。其内部界限为系统本身，而外部界限则为与系统有关的环境。系统动力学对系统进行研究的前提条件是该系统必须是远离平衡的有序的耗散结构。本书 9.3 部分已经论述知识创新系统具有动态的，远离平衡的有序的耗散结构的特性，所以具备系统动力学研究的前提条件。

基于系统动力学理论建立知识创新各要素相互作用的反馈模型。知识创新系统中，各组成要素既协同促进，又相互制约，各有侧重地发挥着各自的作用，形成了一个正反馈和负反馈相结合的动态因果关系如图 10-1 所示。

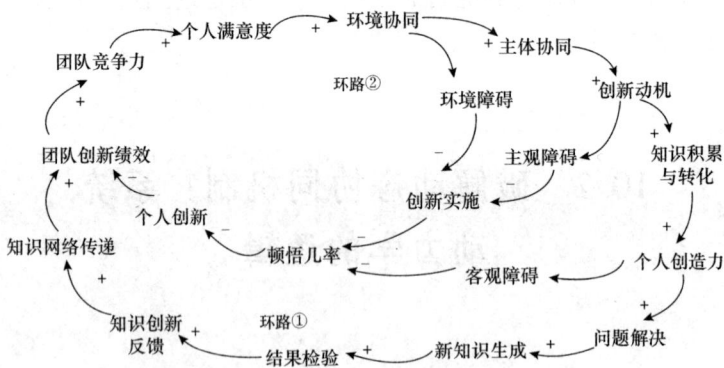

图 10-1　团队知识创新系统反馈图

环路①是个正反馈过程，环路②是个负反馈过程。环路

①表示各个要素相互促进知识创新过程的顺利进行，环路②表示系统中障碍要素抑制其他要素的协同效应，从而阻碍知识创新过程的顺利进行。

环路①说明通过对知识创新的协同机制建立起来的良好的团队内部环境，尤其是畅通无阻的纵向沟通和横向沟通，使创新主体们形成相互了解、相互尊重的关系，使彼此能坦率地讨论各类问题，也促进了主体间竞争—合作的协同关系的形成。无论是合作还是竞争都增加了主体知识创新的动机，良好的合作关系，有利于避免冲突，缓解矛盾，增大创新主体为团队服务的愿望，增强了团队凝聚力为知识创新营造人和的条件；竞争关系则增加主体的压力，促使主体更加迫切获得各类资源和他人的肯定，以实现自身价值，提供促进个人创造力的提高所需要的动力。这也是知识创新过程顺利进行所需要的动力和前提条件。在知识创新过程中以及隐性知识和显性知识相互转化过程中，顺畅地沟通和知识转化为创新主体的知识积累提供良好的平台，成功的知识积累以及充分的隐性知识共享和显性知识的传递，使新知识不断生成和转化，为创造性思维的质变做好了必要的准备，这样就实现了个人创造力的不断提高。个人创造力的增强为知识创新过程中问题的解决阶段提高了有力的保障，也为突发性顿悟或灵感的出现提供了保障，形成了知识有序结构。这样一来，问题的实质性解决更加有效，在问题解决的同时也使新知识不断生成。团队内部或外部对在知识创新中生成的新知识和问题不断进行验证，检验其正确性和实用性，并将其结果进行内部反馈和外部反馈。内部反馈是将内部检验结果反馈到个人，如果检验结果正确性或可持续性合乎标准则进行外部推广，如果不合乎要求或无法判断则反馈给个人，使其进一步学习积累和解决问题。外部反馈是经过内部判断，若验证合乎标准，那么进行外部推广，而外部进行实用性和需求性的验证，并将验证结果反馈给团队，使外部需求为团队知识创新提供新的指导方向。经过内部和外部的反馈，将正确的知识创新成果进行外部推广，将成果转化为生产力，从而促进团队绩效，绩效呈指数形式增长，这样一来增强了团队的竞争力。团队竞争力的增强提高了团队的物质资源奖励和精神奖励，满足自我实现的需求，这样增强了团队中创新主体的个人满意度，提高了团队士气，为进一步协同机制做好准备，开始再一次的循环过程。

如图 10-1 所示整个循环是一个正负反馈的过程。正反馈不是无限扩大的，其中要受到环路②的制约。环路②说明在完善团队知识创新管理系统的过程中，出现的主观和客观障碍因素，这些障碍将阻碍知识创新的过程，如主观上不愿与他人共享，客观知识隐性程度较高不易传递或共享，以及没有建立科学的沟通平台导致过量或不足的交流沟通，或没有营造创新氛围，等等。柔性管理中，情感沟通时间过多会占用创新人员研究时间的投入，专业领域沟通过多，频繁的面对面交流和无休止的会议或小组讨论必将影响团队创新主体个人的学习和思考过程，不利于知识的内化过程，会减少个人发挥想象进行创造的时间和空间。同样，沟通不足或不能准确地传递相互意愿，产生误会或矛盾，造成双方的冲突，也不利于知识的组合化和外化过程，不能克服知识管理在知识创新中的局限性，会降低团队知识创新的效率。沟通过量和不足都会增加创新时间成本的投入，降低团队知识创新效率，从而也降低团队绩效增长速度，形成了负反馈的循环，此时团队绩效呈渐进增长状态。团队经历了正负反馈阶段，团队绩效在此阶段呈稳定状态。

综上所述，从正反馈环路①和负反馈环路②的正、负反馈环路及其构成的闭环系统向我们揭示：第一，在整个协同机制组成的知识创新管理系统中，存在正负反馈环路，二者的作用是相互的，这种作用并不是只发生一次，而是循环往复的，所以产生了协同机制系统的循环性。其次，各个系统协同机制不只是相互促进，还是相互制约的，这样也解释了团队知识创新绩效为何不能一味无限增长的原因。①

---

① 吴杨：《团队知识创新过程及其管理研究》，哈尔滨工业大学博士学位论文，2009 年。

10.3　协同效应：知识创新绩效的闪点

协同效应对知识创新绩效的影响

知识创新系统的各要素在团队知识创新的各个环节发挥着各自的作用，我们以协同效应作为函数变量进行研究。只研究当协同效应进行变化时对团队知识创新的影响。如图10-1中环路①的正反馈机制所示，协同效应对知识创新系统具有促进作用；环路②的负反馈机制揭示了，障碍要素对知识创新系统具有抑制作用。[①] 将图10-1反馈机制进行简化，如图10-2所示。

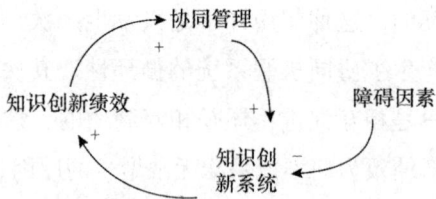

图 10-2　知识创新系统的反馈简图

---

① 吴杨:《团队知识创新过程及其管理研究》，哈尔滨工业大学博士学位论文，2009年。

设初始函数为：

$$PM_0 = kM_0 + CM_0 - O_0 \qquad (10\text{-}1)$$

公式中　kM——原团队知识创新系统的初始值；

　　　　CM——团队知识创新系统的协同效应；

　　　　PM——团队的知识创新管理绩效；

　　　　O——团队知识创新系统的障碍，主要来自系统形成的障碍因素；

在相同时间内 PM 将随着 CM、kM 及 O 的改变而变化，k_1，k_2 分别为各要素的协同效应、协同知识管理随时间变化对知识创新绩效的影响参数，k_1 和 k_2 均大于 0。其公式分别为：

$$\frac{dCM}{dt} = k_1 PM \qquad (10\text{-}2)$$

$$\frac{dCM}{dt} = \frac{dO}{dCM} \frac{dCM}{dt} \qquad (10\text{-}3)$$

$$\frac{dkM}{dt} = k_2 \qquad (10\text{-}4)$$

根据初始函数 10-1 可得：

$$dPM = dkM + dCM - Do \qquad (10\text{-}5)$$

等式两边同时除以 dt，以及根据等式 10-2、10-3、10-4 可得：

$$\frac{dPM}{dt} = k_1 PM + k_2 - \frac{dO}{dCM} k_1 PM \qquad (10\text{-}6)$$

得到微分方程：

$$\frac{dPM}{dt} + \left(\frac{dO}{dCM} - 1\right) k_1 PM = k_2 \qquad (10-7)$$

$$PM = e^{-\int k_1 \left(\frac{dO}{dCM} - 1\right) dt} \left(C + \int k_2\, e^{\int k_1 \left(\frac{dO}{dCM} - 1\right) dt} dt \right) \qquad (10-8)$$

解得：

$$PM = C_1\, e^{k_1 t \left(1 - \frac{dO}{dCM}\right)} + k_2 \qquad (10-9)$$

对于公式（8）二次求导数，求出拐点，令公式

$$PM' = C_1\, k_1 \left(1 - \frac{dO}{dCM}\right) e^{k_1 t \left(1 - \frac{dO}{dCM}\right)} \qquad (10-10)$$

$$PM'' = C_1^2\, k_1^2 \left(1 - \frac{dO}{dCM}\right)^2 e^{k_1 t \left(1 - \frac{dO}{dCM}\right)} \qquad (10-11)$$

则

$$dO = dCM \qquad (10-12)$$

得到

$$O = CM + C_2 \qquad (10-13)$$

团队知识创新管理系统中知识创新绩效的增长曲线，如图 10-3 所示。讨论：

$t = 0$ 时，$PM = k_2$，此时为原始知识创新绩效值。如果此后团队没有增加新的管理方式，形成新的管理系统，则知识创新绩效保持 k_2 值相对不变，如图 10-3 虚线所示。

$t > 0$ 时，此时团队增加了协同效应，构建了新的知识创

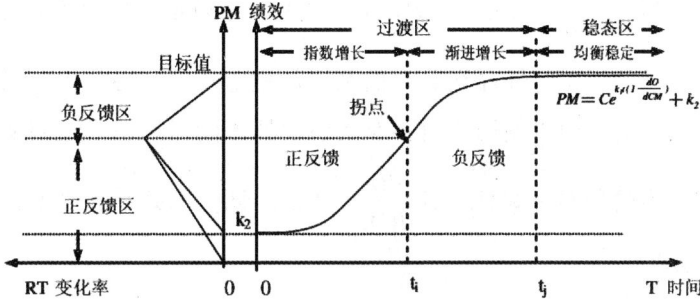

图 10-3　正反馈和负反馈的 S 型增长曲线

新协同效应系统，为知识创新提供了更好的环境，在此影响下，知识创新绩效 PM 值开始出现 S 型曲线变化。

当 $1 - \dfrac{dO}{dCM} > 0$ 时，PM 值呈指数增长特征，即当协同效应对于团队知识创新绩效的正面影响高于由于障碍因素在团队中产生的负面影响时，即 $\dfrac{dO}{dCM} < 1$ 时，团队绩效呈指数增长规律。

当 $1 - \dfrac{dO}{dCM} = 0$ 时，即 $O = CM$，协同效应与各要素引起的障碍相等，知识创新绩效曲线经过拐点 $\left[t_i, \quad C_1 e^{k_1 t_i \left(1 - \frac{dO}{dCM}\right) + k_2} \right]$，此时为正反馈变化为负反馈的瞬间，$PM$ 值从指数增长过渡到渐进增长。

285

当 $1 - \dfrac{dO}{dCM} < 0$ 时，PM 值呈指数减小特征，由于系统中负反馈的补偿特性存在此时的系统较稳定。即当协同效应对于团队的正面影响低于由各要素引起的团队障碍因素在团队中产生的负面影响时，即 $\dfrac{dO}{dCM} > 1$ 时，团队绩效呈渐进增长规律

如图 10-3 的 S 型增长曲线所示，知识创新协同效应对知识创新绩效状态影响具有随时间变化的动态特性。设知识创新相对稳定绩效值为 k_2，此时知识有序结构已经形成，但效率较低，知识创新增长趋势不明显。在 $[0, t_i]$ 时间间隔内，经过协同效应的正反馈作用，或者适当的协同效应方式能够有效地克服团队知识创新绩效增长的障碍因素，PM 的初始值略大于 k_2，此时知识创新绩效 PM 的变化率为正。从而产生了正比于 PM 的变化率，但由于协同效应刚刚开始，绩效增长缓慢，变化率较小。变化率在一段时间间隔内经过积累作用与 PM 初始值叠加形成了更大的 PM 值，接着又产生了新的较前一阶段更大的变化率和 PM 值，如此周而复始形成愈演愈烈的正反馈的指数增长过程，知识有序结构形成条件得到充分满足。从时间 $[t_i, t_j]$ 团队中抑制知识创新增加的各类障碍因素逐渐增加，由于不愿意进行协同合作和知识共享或主观创新意识不强，或个人创造能力不足，或沟通

过量占用了大量的自我思考的时间，或沟通不足引起了创新主体对问题理解的歧义和相互之间的误解和冲突等，障碍因素影响整个集体的凝聚力，甚至对于绩效增长的负反馈作用大于协同效应作用的效果，显然尽管 PM 值继续增长，但这时增长速度开始受限，PM 变化率在逐渐减小，直到变化率为 0，与此相应的 PM 也逐渐达到了系统的目标值。PM 值呈典型的 S 型特性，其拐点则是正反馈变化为负反馈的瞬间，也是变化率最大值时。PM 值无限接近目标值时，系统趋于稳态区，团队绩效逐渐稳定不变，从而实现了一次从无序结构到有序结构的形成过程。如果希望绩效值 PM 继续增长，那么就要采取新的管理体制或进一步完善现有管理方案，使管理体制达到正向效果，对绩效影响力高于团队障碍因素对于绩效增长的抑制作用，形成下一个 S 型增长曲线，完成一次新的正反馈和负反馈循环。

协同机制对团队知识创新系统的作用机理

协同机制使知识创新绩效在原有的基础上呈 S 型曲线增长，整个协同机制与知识创新绩效呈现非线性关系。

第一，协同知识管理能够有效促进团队知识创新宏观过程和微观过程促进知识的积累、共享转化、验证和网络传递的循环过程，加快主体想法间的传递和相互作用，以及提高想法激发创新点的稳定性和强度。协同机制对于一般的团队

管理的不足进行了有效的弥补，尤其是情感沟通潜移默化的渗透到团队管理每一个过程。加强创新主体间的情感互动，建立深厚的友谊，增加知识共享意愿和知识转化程度，创新主体更愿意与伙伴分享学习成果，而双方则更容易无所顾虑地交换思想或是辩论，这一过程中新知识更容易积累，新的想法更容易被激活，而创新点也更容易产生。

第二，协同机制能形成有利于团队知识创新的文化氛围创造了知识自由流动的文化氛围，为知识由无序到有序演化创造了远离平衡态的有利条件，通过协同机制有效挖掘创新团队中创新主体的知识能力与潜能开发，提升组织个体与整体的知识学习能力。良好的情感沟通有利于构建先进的团队文化，推动知识创新和培育集体创造力。专业知识挖掘通道建立起一种平等的"学术对话"平台，让各种思想和研究思路能够进行有效沟通，营造出了有利于知识管理的文化氛围，提升了团队凝聚力。

第三，协同机制能降低由于人才流失而造成的知识断层，实现创新人力资源的可持续发展若没有及时进行隐性知识的积累和存储，团队内部重复劳动的现象将会比较严重。例如有些资料已经被充分研究了，或者老成员有着宝贵的技巧，但是由于这些经验与技巧没有被发掘或记录下来，新来的成员无法明确了解团队内部存在哪些知识，仍需从头再来。而适量的协同机制建立新老成员间不断的情感互动、专业交流

以及频繁对话的平台，使个人的隐性知识及时被挖掘并留在团队中，甚至当某些成员离开团队时，由于团队中建立的深厚情感和成员之间的友谊，离开者将一如既往地传递其显性知识，共享其隐性知识，降低知识资本的流失。

第四，在知识创新的协同机制中，应针对团队障碍因素进行有效的预防和抑制团队要刻意营造创新的氛围，合理调配闲置资源，同时团队要注意控制沟通的程度和形式，过量的正式沟通或非正式沟通，都会影响创新主体的独立思考意识，降低独自解决问题的能力，占用自我知识创新的时间，造成时间投入成本过高，影响团队生产效率，同时过多沟通也会造成信息的复杂化和知识的模糊化，降低知识管理效率。

第十一章

知识创新体系中的秩序涌现

没有侥幸这回事，最偶然的意外，似乎也都是有必然性的。

——爱因斯坦

秩序意味着光明和安宁，意味着内在的自由和自我控制，秩序就是力量，秩序是人类最大的需要，是真正的幸福所在。

——阿米尔

事物都有走向无序状态的自然倾向，一个有机体为了维护自身的高度有序，就需要从周围环境中不断汲取"序"。知识创新需要一种创新的管理秩序来对规范和推动这个体系去探索未知的星空。知识创新管理系统从单一的管理方法基础上产生出新的综合的知识创新管理系统，也是一个管理系统从无序结构到有序结构的形成过程。知识创新管理系统是一个开放复杂的系统，由多个管理方法等子系统构成，每个子系统嵌套多个次级要素。在此系统中引入协同学思想进行调控多个管理方法及其众多要素，对其进行统一组织，协调其内部关系，使他们合力促进知识创新绩效提升。同时，创新管理系统内的各类管理方法不仅有促进和补充作用，也有抑制作用，形成正负反馈环路相互作用形成的循环系统。各种管理方法既相互作用又相互联系，形成管理系统的韧性。管理方法之间的作用越大，管理系统的结构可变性也就越大，管理方式层次越多，系统韧性也就越好，如果某一管理方法或模式发生了变化，则对应的与之相关联的管理方式也要进行相应的改变和调整，而保持管理系统整体的最佳状态，确保知识创新绩效达到最高状态。①

---

① 吴杨：《团队知识创新过程及其管理研究》，哈尔滨工业大学博士学位论文，2009 年。

11.1 知识的呈现与共享

知识创新系统的突变虽然是随机发生的，但在系统形成有序结构时，有效的知识管理依然可以起到积极作用。在知识相互作用和外部环境条件的双重作用下，知识整合混沌运动背后隐藏着确定性秩序，创新系统应对知识整合进行管理和控制，以推动有序结构的产生。对知识相互作用的过程和效果进行深度挖掘和实时监控，寻找知识系统发生突变的诱因。对形成稳定结构演化的要素应加强，对离散弱化的因素要及时消除，放大不同类型知识的协同作用，通过引导、控制学科知识间的剧烈变化，推动知识系统跃迁到新的稳定结构，实现知识的呈现与共享。将系统内部环境和新知识产出作为系统创新过程的黏合剂，在制度设计上使知识整合与协同创新形成惯例。

什么知识管理

知识管理起源于企业的知识组织管理，是一种全新的管理模式，也是实现知识创新绩效的重要管理方式。Prost 认为知识管理过程包括知识的辨识、知识的获取、知识的开发与创新、知识的共享与传播、知识的使用、知识的保存等。贝克曼提出了一个包含八个阶段的知识管理：知识的识别、知识的获取、知识的选择、知识的保存、知识的共享、知识的应用、新知识的生成和知识的推销。① 英国学者 Rowley 认为，知识管理关注的是在促进实现组织目标观念指导下，如何对组织知识资产进行挖掘和开发。知识管理的对象及包括外显的文档化知识，也包括内隐的主观化知识。知识管理的过程包括知识的识别、共享和创造等过程。他要求创建和共享知识体系，培养和促进组织学习。② Newman 认为，知识管理是企业有意识采取的战略，它保证能够在最需要的时间将最需要的知识传送给最需要的人，这样可以帮助人们共享知识，将通过不同的方式付诸实践，最终达到提高企业业绩的目的。知识管理是一个非常复杂的过程，它的支持基础包括战略和领导层的支持、评测和技术因素等，在支持过程中所有的这些都必须综合起来设计和管理，并且是一个持续改进的过程。③ Turner 认为，知识管理是组织竞争优势资源，知识管理的内容和过程前景有很大的未知性，这就引起了研究者和

---

① Martins K., Heisig P., Vorbeck J.：《知识管理原理及最佳实践》，清华大学出版社 2004 年版。

② Rowley, Jennifer. *From Learning organization knowledge management enterprise* [J], Journal of Knowledge Management, Vol. 4, no. 1, pp. 7-15, 2000.

③ Victor Newman. *Redefining Knowledge Management to Deliver Competitive Advantage* [J], Journal of Knowledge Management, Vol. 1, no. 2, pp. 123-128, 1997.

实践家的浓厚兴趣。① 知识管理不仅适用于企业，目前还被应用于各种环境，例如教育、电子商务。② 我们认为团队的知识管理应该包括知识生成、积累、共享和转化的管理和规划。新知识的产生则是上一次知识创新的结果，也是下一次知识创新的开始；知识积累则是对无序的知识进行整理和归纳，为创新性思维积聚能量；知识共享和转化则是使积累的能量继续升华，使受众面扩大，增加知识从无序到有序演化的机率和速度。知识创新是经过知识积累、知识共享和知识转化这些过程最终实现的，所以知识管理是知识创新的重要的管理方法，而知识创新是知识管理的最终目标。③

知识管理在团队创新系统中的框架模型

知识管理的目的是有效地建立和开发智力资本（intellectual capital）④，智力资本在本质上不仅是一种静态的无形资产，

① Scott F. Turner , *Richard A. Bettis and Richard M. Burton*, *Exploring Depth Versus Breadth in Knowledge Management Strategies* ［J］, Computational & Mathematical Organization Theory, no. 8, pp. 49-73, 2002.

② F. Fürst, M. Leclère , F. Trichet, *Ontological engineering and mathematical knowledge management*：*A formalization of projective geometry* ［J］, Annals of Mathematics and Artificial Intelligence, no. 38, pp. 65 - 89, 2003.

③ Wu Yang, Sun Chang - xiong, Ding Xue - mei. *Constructing Models of Knowledge Management in Research Teams.* Proceedings of 2006 International Conference on Management Science & Engineering. 2006, October, pp. 1360-1365.

④ Yin nian gu, *Global knowledge management research*：*a bibliometric analysis* ［J］, Scientometrics, Vol. 61, no. 2, pp. 171-190, 2004.

而是一种思想形态的过程，是一种达到目的的方法。① 根据
Stewart 提出智力资本包括人力资本（human capital）和结构
资本（configuration capital）理论②，我们提出团队中的智力
资本包括人力资本、知识结构资本、环境资本，如图 11-1
所示。按团队边界划分，人力资本和结构资本都是组织内部
资本，而环境资本是团队外部资本，与智力资本的归属关系
用虚线表示。

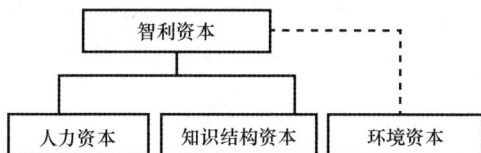

图 11-1　团队智力资本构成

人力资本。包括团队成员的经验、受教育程度、学习能
力创新能力、流动率。人力资本是团队运作的基础，团队的
项目研发、知识创新外界沟通都离不开人力资本，因此，要
根据成员特点进行项目工作的分配，建立合理的激励制度调
动起他们的积极性，重视团队协作，提升团队智慧。

①　Masoulas, Vasilis, *Organizational requirements definition for intellectual capital management* [J], Journal of Technology Management, Vol 16, no. 1/2/3, pp. 126-143, 1998.

②　Stewart T. A., *Intellectual Capital: the new wealth of organizations* [M], icholas Brealy Publishing, London, 1997, pp. 120.

知识结构资本。指成员及团队的隐性知识、显性知识。知识结构资本构成了团队知识库的一部分，有效的管理知识结构资本使成员与团队之间的隐性知识与显性知识不断地转化，增加团队知识资产的同时，也避免因人才流失、某个项目完结而造成的团队的知识缺损。

团队的环境资本包括外部资源和科研生态环境。在知识管理过程中，团队不仅在内部要创造"尊重知识、尊重人才"的工作气氛，同时还要与外部有效地沟通，要拥有一个资源丰富的外部资源和科研生态环境。

如上定义可用一个公式表达如下：

$$KM = (P+K)T^n$$

知识管理将人力资本 P 与知识结构资本 K 充分结合，并通过个人与团队中隐性知识与显性知识的转化（transfer）T，团队环境资本的开放程度 n，使知识管理的绩效成指数级提升。知识管理绩效是团队在实施知识管理后所达到的新理论、新技术、科研项目的研发、科研人才的培养以及知识积累与创新发等方面的效果综合绩效。

知识管理绩效（performance）包括对知识结构资本的管理，其效果函数用 Fk 来表示，公式如下。

$$Fk = f（隐性知识、显性知识） \tag{1}$$

其 Fk 越高，表明其知识管理越能适应该团队的知识分享，最终取得的知识管理绩效也就会越好。

知识管理绩效包括对人力资本的培养和管理，其效果函数用 Fp 来表示，可以表示为：

$Fp=f$（经验受教育程度学习能力创新能力流动率）　　（2）

Fp 越高，最终取得的知识管理绩效也就会越好。

知识管理绩效包括对团队环境资本的优化，效果函数用 Fe 表示，可以表示为：

$$Fe= f（生态环境技术资金设备） \qquad (3)$$

因此团队知识管理绩效评价是上述三者之和，如果用 Fo 来表示的话，可以有下面的关系：

$$Fo = Fk + Fp+ Fe \qquad (4)$$

根据 Fk、Fp 及 Fe 对知识管理绩效的影响性关系和上述 Fo 的定义，我们可以知道知识管理策略的组织适应性与知识管理绩效存在正相关关系，表示为：

$$Fo \to Fk + Fc +Fe \to PK \qquad (5)$$

根据以上分析团队的知识管理模型，如图 11-2：

可以看出，加强对知识和人才的管理和培养可使团队的知识管理的绩效增加，这样可以增加新理论技术产出，加强项目的研发能力，加速人才的培养，最终使整个国民科研水平有所提升，最终促使外部资源投入的增加以及科研生态环境的改善。对知识的管理和对人的管理，通过相互交叉、渗透、协调和融合，构成团队知识管理系统的主体。该主体对外保持开放，它通过与外界科研环境、科研竞争环境、外部

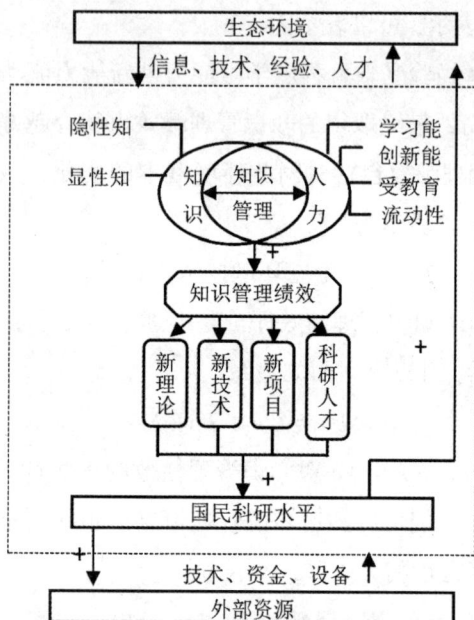

图 11-2　知识管理在团队创新系统中的框架模型

资源环境进行知识、信息、资金、人才的交流，不断从外界获得技术、信息、经验、人才的补充，如图 11-2。该模型每循环一次都是对原有结点的内容、活动及各要素的一种突破，相应获得一定的新增效果，知识管理模型的有效运行，实际上是团队知识管理机制的具体体现。带动了团队核心能力的全面提升。

知识管理实施方法在团队项目知识创新中的应用

知识管理不仅应用于团体内部，知识管理的实施方法也可应用于团队进行项目研发的整个过程。团队的项目知识创新研发过程需经历项目发现、论证、申报、研究、创新等阶段，而这也是团队的知识价值增值过程，所以知识管理要对其中的各个环节进行管理。在 Mariano 等学者对新产品开发研究的基础上①，本文描述了知识管理的实施在科研项目开发整个过程中的作用。科研团体的知识管理有两个维度（two main dimensions）：1. 团队对于项目研发过程；2. 知识管理实施。在项目开发的不同阶段，知识管理的实施在其中的不同贡献，如图 11-3 所示。知识管理的实施在项目研发的每个阶段，都采取不同的方式。

学术交流是在团队外部进行的，起到了传递、交流信息的作用。在这一阶段这些信息可能是知识发现，也可能是前一阶段知识发展后提出的新问题；信息通过创新主体的再加工，并进行项目可行性论证，从而形成科研课题，进入项目研究。这时团队应建立知识库以便存储各类与项目相关的数据，建立知识地图对现有数据、信息进行分类，使创新主体

① Mariano Corso. Antonella, Martini. Luisa Pellegrini and Emilio Paolucci, *Technological and organizational tools for knowledge management : insearch of configurations*, *small business economics* [J] no. 21, pp. 397-408, 2003.

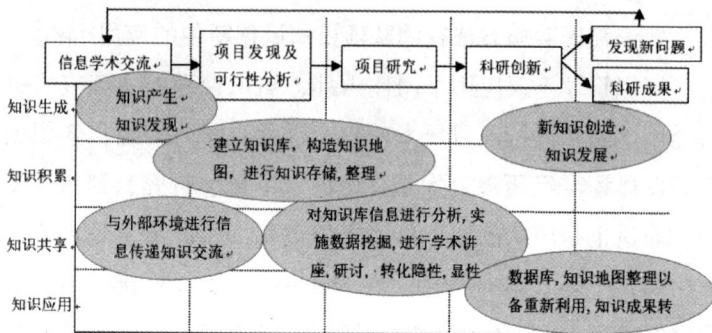

图 11-3　知识管理实施方法在科研
团队项目研究的应用模型

对团队的知识全面地了解，能够将注意力集中到所涉及的方向，这些属于知识积累范畴；与此同时，应不断地进行交流（研究、争论、讨论），并对知识库中的信息进行分析，重新利用最优方法，并防止重复做功。创新主体必须花费固定的、大量的时间去浏览和阅读以找出信息材料之间的相关性，只有创新主体开始查找这些信息的相似和不同，他们才步入了工作的关键阶段，即建立关系以便创造新知识。① 在项目创新并产出创新成果阶段，知识管理中的知识创新和应用占据了重要地位，在知识创新中不仅能产出科研成果，也能发现

① UKrohn，N J Davies and R Weeks，*Concept lattices for knowledge management*〔J〕，BT Technol，Vol. 17，no. 4，pp. 108-116，October 1999.

新问题，当成果中新问题不断产生时这个模型的运行始终处于循环往复、周而复始的运动过程。知识管理的这四种实施方法贯穿于整个项目的研发过程，在每个阶段占据的比例不同，但他们相互交错、相互配合、相互支撑，是团队的项目创新和新项目的发现的重要方法。通过项目研发的不断吐故纳新，依托团队知识管理机制，增加团队中知识库的储备，吸取新发现的创新结点内容。①

11.2　知识的沟通与融合

良好的团队沟通管理有利于成员的学习动机、传递知识的能力、接受知识的能力，从而促进知识传递的质量和数量。同时有效的沟通增强团队成员的情感和信任，加速了隐性知识和显性知识的传递和转化过程，提高创新主体知识获取能力和创新能力。知识管理是团队知识创新的主要管理方式，但在团队这个特殊的群体，知识管理对于成员的流动性、差异性、团队的创新动机等问题的解决，具有一定的局限性，

---

① Wu yang, Sun Chang-xiong, Ding Xue-mei. *Constructing Models of knowledge Management in Research Teams*. Proceedings of 2006 International Conference on Management Science & Engineering. Sept 2006：1360-1365.

沟通管理通过情感沟通、思想沟通为知识管理的不足进行有效的弥补和辅助，渗透在知识管理每一个过程。沟通管理不仅能够增加差异性较强的成员的感情和友谊，提高团队中凝聚力和奉献精神，而且创造了知识自由流动的文化氛围，克服人才断层造成的隐性知识流失，同时为知识的无序到有序演化创造远离平衡态的有利条件，加速整个团队知识创新绩效的提升。

什么是沟通管理

沟通是人们通过共通的符号传递信息的过程。[1] Robbins 认为沟通是意义的传递和理解。[2] Shapirol 认为有效沟通的重要因素就是要有开阔的心智和倾听别人的话。[3] 沟通的过程或是互为双向的，或是单向的，或是直接面对面的，或是通过一些通道作为媒介。[4] 在组织中，沟通有四种职能：控制、

---

① Adair, John, *Concise adair on communication and presentation skills* [M]. London: GBR: Thorogood, 2003.

② 斯蒂芬·P. 罗宾斯著，孙建敏、李原译：《组织行为学》，中国人民大学出版社 2005 年版。

③ Shapiro, Daniel, *conflict and communication: a guide through the labyrinth of conflict management* [M]. New York, NY, USA: International Debate Education Association, 2004.

④ Thomas Luckmann. *Moral communication in modern societies* [J]. Human Studies, 2002. 25: 19–32.

激励、情感表达、信息。① 总之，我们认为沟通是人们分享信息、思想、情感的任何过程。② 这种过程不仅包括口头语言和书面语言，也包括形体语言、个人的习气和方式、物质环境等赋予信息含义的任何东西。③ 可见沟通是任何团队进行组织管理的基础，团队中成员离开导致其宝贵的经验和技巧没有及时地挖掘和记录，隐性知识没有随时积累和存储，造成了组织失忆，不利于团队知识的可持续发展。团队沟通管理不仅是对团队成员信息传递和情感交流的管理，更加强调对成员间友情和信任度的培养、创新氛围及团队凝聚力的形成的管理。④

　　我们认为知识创新团队的沟通管理是为了达到团队中成员创新能力培养等目的，进行情感沟通、业务沟通和思想沟通的管理过程，沟通管理中的各类沟通促进团队成员的知识传递的过程，如图 11-4 所示。业务沟通是为了正常的工作开展而进行的沟通，思想沟通是团队成员观念、想法、创新

<hr />

　　① W. G. Scott, T. R. Mitchell. *Organization theory: a structural and behavioral analysis* ［M］. Homewood, IL: Richard D. Irwin, 1976 年版。

　　② 吴杨:《沟通管理在高校研究生团队知识传递中的作用研究》,《学生位与研究生教育》2013 年第 4 期, 第 54—60 页。

　　③ 桑德拉·黑贝尔斯、里查德·威沃尔:《有效沟通》, 华夏出版社 2005 年版。

　　④ 吴杨、李晓强、夏迪:《沟通管理在科研团队知识创新过程中的反馈机制研究》,《科技进步与对等》2012 年第 29 卷第 1 期, 第 7—10 页。

点的交流，而情感沟通则是业务沟通和思想沟通的基础，为
增进了解、友谊而进行的与工作无直接关系的沟通与交流。
情感沟通是沟通管理的基础，渗透在创新团队中每一个沟通
的环节中，能满足团队成员的心理需求，改善人际关系，增
进彼此的了解。这有利于避免冲突，缓解矛盾，克服知识转
化的主观障碍，有助于思想沟通和业务沟通，也为知识转化
的顺利实施提供了基础。思想沟通和业务沟通为成员的知识
共享、信息传递提供良好的平台，使彼此能坦率地讨论各类
问题，增加了相互合作的信心和愿望，这样使团队中知识存
量积累增加，为团队知识转化提供大量的积累元素。①

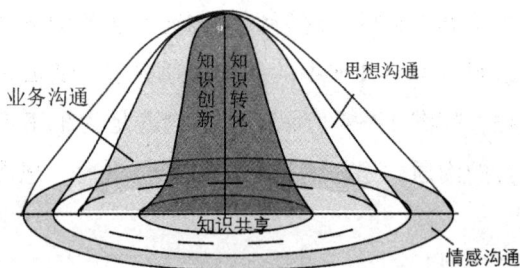

图 11-4　知识创新团队沟通管理职能

---

① 吴杨、刘佳琦、惠亚男、乔楠：《沟通管理在科研团队知识转化过程中的作用机理研究》，《科研管理研究》2019 年第 37 卷第 6 期，第 36—40 页。

沟通管理的动态模式

沟通管理本身有着较为灵活的管理职能，在创新团队的沟通过程存在双向的、单向的、直接面对面的以及通过一些通道作为媒介。[①] 团队的沟通方式按不同的标准有不同的划分，按沟通的方向划分，可分为上行、下行、平行、交叉等沟通方向；按沟通的形式，可分为正式、非正式的沟通方式。在 Chandra 与 Kamrani 构建的虚拟企业的合作的基础上[②]，本书提出科研团队沟通管理的动态模式，如图 11-5 所示。

在此模型种，L_i 为核心领导组，W_i 为基层工作组，A_i，B_i，C_i 代表团队中一系列技术、人员等资源。多个团队在时间间隔（T_i，T_k）中可通过协议进行资源共享，同时如果拥有共同的目标和计划核心领导组的可以指挥其他团队的多个工作组与自己的工作组进行联合作战。在当前的科研团队中，传统的纵向沟通流程仍然存在，横向的跨部门之间、跨单位工作之间的沟通明显增加。团队 A、团队 B 的成员可以通过内部沟通、外部沟通相互合作，同时团队内部及团队之间、上级和下级之间、成员之间可以进行上行、下行和交叉沟通，

[①]　Thomas Luckmann. *Moral communication in modern societies* [J]. Human Studies, 2002, 25：19-32.

[②]　Charu Chandra, Alik. Kamrani. *Knowledge management for consumer-focused product design* [J]. Journal of intelligent manufacturing, 2003, 14：557-580.

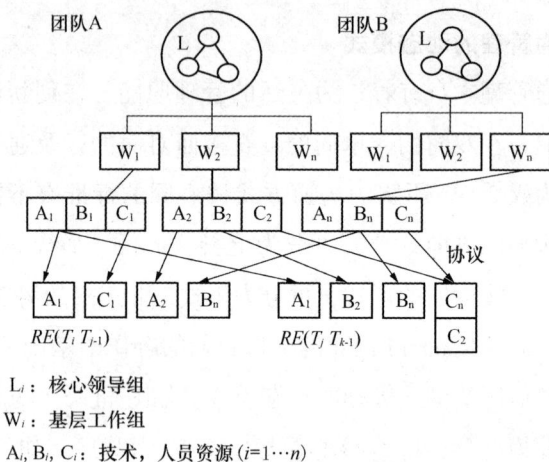

L_i：核心领导组
W_i：基层工作组
A_i, B_i, C_i：技术，人员资源（$i=1\cdots n$）

图 11-5　团队沟通管理动态模式

成员之间可以进行平行和交叉沟通，其目的可以为了更好地促进彼此情感或友谊，也可以增进思想交流和业务交流。[①]

沟通管理在团队知识创新过程中反馈机制

沟通管理通过优化知识创新过程，进而影响知识创新绩效的变化。我们认为沟通管理有更加广泛的内涵，不仅是对团队成员信息传递和情感交流的管理，更加强调成员间友情

---

① 吴杨、施永孝：《科研团队中沟通管理对知识管理的补充机制研究》，《科技进步与对策》2014年第31卷第8期，第12—14页。

和信任度的培养、创新氛围及团队凝聚力的形成的管理过程。因为知识创新过程中，沟通管理不依靠强制性控制手段或规章制度，而是将沟通交流润物细无声地逐渐渗透在知识创新过程中的每个环节，将团队管理的关注点从创新主体的工作内容转向其情感和理想，使创新主体深切感受到团队对其的关心和爱护。沟通管理依靠主人翁责任感从内心深处激发团队创新主体的内在潜力，促使创新主体通过情感交流，提升集体凝聚力，最终影响科研团队知识创新绩效。

沟通管理是如何影响知识创新过程进而作用于创新绩效的，我们将在上述内容的基础上，通过系统动力学的反馈机制模型进行具体分析。基于系统动力学理论以及案例调研和日常的科研工作中通过对所遇到各种问题的观察总结等亲身实践，我们认为沟通管理对知识创新过程既协同促进，又相互制约，形成了一个正反馈和负反馈相结合的动态因果关系，如图11-6所示。

环路①说明通过沟通，增加了相互合作的信心和愿望。情感沟通是为了增加团队成员间的友谊和感情而进行的沟通，促进了成员的相互了解和信任，业务沟通主要是为了团队内部成员间科研工作开展而进行的沟通。顺畅的专业沟通和知识转化为使团队中知识积累存量增加，为团队创新提供了源源不断的积累元素，成功的知识积累以及充分的隐性知识共享和显性知识的传递，使新知识不断生成和转化，增强了整

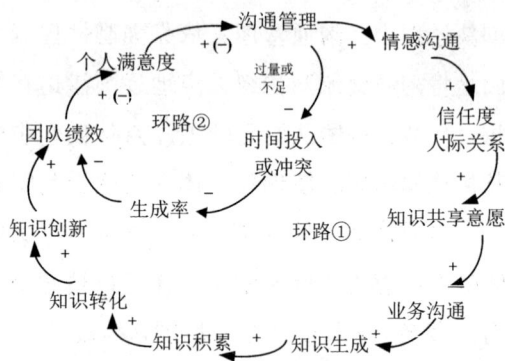

图 11-6 沟通管理在知识创新过程中动力学因果图

个团队的知识创新能力，促进了知识有序结构形成的程度与速度，使团队知识创新绩效不断提升。团队经过一个反馈阶段，使整个团队创新能力增强，从而促进团队绩效，绩效呈指数形式增长。团队绩效提升也增强团队成员的个人满意度，使团队中人际关系更加融洽，从而促进情感的沟通，进入再一次循环过程。

正反馈也不是无限制扩大的，其中要受到负反馈环路②的制约。环路②说明在完善团队知识创新管理系统的过程中，出现沟通障碍将阻碍创新的过程，如过多或过少的交流沟通，主观不愿与他人共享，客观知识隐性程度较高不易沟通交流等障碍因素，都会降低科研团队知识创新效率，从而又降低团队绩效增长速度，形成了负反馈的循环。综上所述，沟通管理不仅对知识创新过程及创新绩效有促进作用，同时也对创新绩效产生抑制作用。①

沟通管理在知识管理中具体的作用

沟通管理对团队内各种沟通活动的管理，是对科学、技术相关的信息、思想、感情等传递、交流活动与过程的全面管理。② 团队沟通管理职能主要对情感沟通、思想沟通、业务沟通的有效管理，使其在知识管理过程中发挥各自的作用。在团队的管理模式中，沟通管理则是最佳的管理方式来对知识管理进行补充和辅助，原因有以下几点。

首先，沟通管理渗透到知识管理的每一个过程，为知识管理提供媒介和通道，规划科学的沟通方式，为团队有效共享和传递隐性知识提供必备的条件，创造和谐的创新氛围，防止因人才流失造成新老成员的沟通障碍。其次，沟通管理是将通过各种方式，使团队的成员进行的交流，并以此取得彼此的了解、信任及良好的人际关系的管理手段。所以虽然团队中成员存在一定的差异性，但通过加强沟通管理，增进

① 吴杨、李晓强、夏迪：《沟通管理在科研团队知识创新过程中的反馈机制研究》，《科技进步与对策》2012年第29卷第1期，第7—10页。

② Reagans R. , McEvily B. Network structure and knowledge transfer：The effects of cohesion and range ［J］. Administrative Science Quarterly, 2003, 48：240-267.

成员的了解和友情，巩固了成员间的人际关系，提高了相互信任度，既可使成员进行激烈的争论与思维的碰撞，又可避免由于差异性较大或竞争意识造成不可调和的冲突。最后，沟通管理能增强组织的凝聚力和向心力，通过不断的了解，加深了成员间的信任度，加强了成员间知识共享、信息传递和知识转化的意愿，尤其是集体凝聚力的增强，成员对团队的感情加深，增加了成员的知识转化为团队知识的意愿。

沟通管理在知识管理中的补充机制

创新需要灵感，灵感需要环境，团队沟通管理的职能不是依靠强制性控制手段或规章制度，而是将沟通交流逐渐渗透到知识管理过程中的每个环节，将团队管理的关注点从创新主体的工作内容转向其情感和理想，使不同性格特征的创新主体深切感受到团队对其的关心和爱护，促使创新主体通过情感交流提升集体凝聚力，克服或降低团队创新中的障碍因素，最终提升团队整体创新绩效。[①]

综上所述可用一个公式表达如下：

$$I = (CM + KM - O)T^n \qquad (1)$$

团队知识创新绩效管理将沟通管理 CM 和知识管理 KM

---

① 吴杨、施永孝：《科研团队中沟通管理对知识管理的补充机制研究》，《科技进步与对策》2014 年第 31 卷第 8 期，第 12—14 页。

充分结合，优化知识创新中的各类障碍因素，并通过团队成员的沟通媒介及知识共享途径 T，将团队中有用的知识进行积累和共享，增强了知识的转化能力以及团队的创新能力，团队成员沟通环境开放程度 n，使管理的绩效成指数级提升。[①]

知识创新管理其效果函数用 Fi 来表示，其 Fi 越高，表明其管理体制越能适应该团队的知识生产及创新能力，最终取得的绩效也就会好。可以表示为：

$$Fi = f（沟通管理、知识管理、环境资本、障碍）\qquad（2）$$

知识管理的效果函数用 Fk 来表示，可以表示为：

$$Fk = f（知识生成、知识积累、知识共享、知识应用）（3）$$

沟通管理的效果函数用 Fc 来表示，可以表示为：

$$Fc = f（情感沟通、思想沟通、业务沟通）\qquad（4）$$

团队环境资本的效果函数用 Fe 表示，可以表示为：

$$Fe = f（生态环境、技术资金、设备）\qquad（5）$$

Fc、Fk 和 Fe 越高，最终取得的团队管理绩效也就会越好。

知识创新的障碍因素的效果函数用 Fo 表示，可以表示为：

---

① Wu Yang, Zhong Jing－jun, Sun Chang－xiong. *The Fusion Model* of Knowledge Management and Communication Management in Research Organization. Wireless Communications, Networking and Mobile Computing. Sept. 2007: 5394.

$$Fo = f（主观障碍、客观障碍）\qquad（6）$$

Fo 越低，最终取得的管理绩效也就会越好。

因此知识创新管理绩效是上述四者的线性表示，可以有下面的关系：

$$Fi = Fc + Fk + Fe - Fo \qquad（7）$$

根据 Fc、Fk、Fe 及 Fo 对管理绩效的影响性关系和上述 Fi 的定义，我们可以知道团队绩效 PM 与知识创新管理绩效存在正相关关系，表示为：

$$Fi \rightarrow Fk + Fc + Fe - Fo \rightarrow PM \qquad（8）$$

根据上述分析，构建团队知识创新中沟通管理对知识管理的补充机制，如图 11-7 所示。当知识经知识源进入团队时，经过知识管理中知识生成、积累、共享和应用相互作用，也会被创新障碍因素所制约，沟通管理中情感沟通、思想沟通、业务沟通的相互作用，使知识管理和沟通管理进行相互推动和整合，知识传递到接收方，接收方进行自身的解码，理解其知识内容，最后反馈回知识源，形成了一个传递的循环。

团队知识创新中的障碍因素影响知识共享及转化的效率。其中主观因素障碍导致沟通的某一方或双方不愿意进行知识的传递或共享，或进行业务情报的互动。客观因素障碍，如知识创新的时间、空间等的原因，导致知识的隐性程度较高，很难进行共享和传递或者可能导致知识源传递有误；沟通的

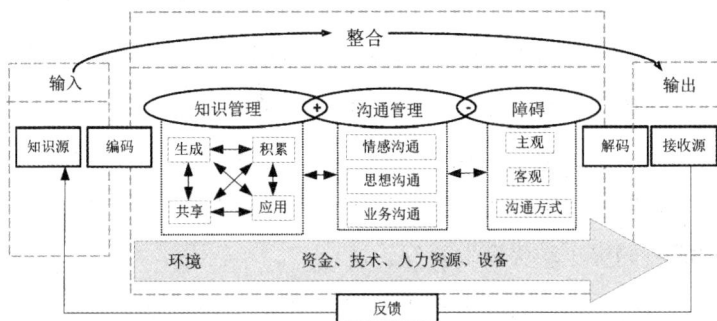

图 11-7　团队中沟通管理对知识管理的补偿机制

媒介不匹配时降低知识积累和传递的速度。此时情感沟通、思想沟通以及业务沟通潜移默化地渗透在知识管理每一个过程，克服创新障碍的负面作用，对于单一应用知识管理的局限性进行有效的弥补。

第一，沟通管理加速新知识的产生，提升成员获取知识的效率。

团队创新活动需要团队外部任务下达、需求动态发布等的信息沟通。创新主体、团队成员及外部环境之间不断地进行沟通和交流，传递信息和需求。在团队外部，通过国家战略需求及同行专家交流，了解最新需求动态和发展前景，整个团队及其成员将制订新的知识创新计划，更容易产生新想法和新知识。团队内部的正式会议、讲座或讨论中，创新主体将汇报他们就讨论问题的比较严谨或成熟观点和看法，以便所有参与者理解。这时差异或相同的思想观点的相互交流，甚至争论比较容易产生新知识和新理论。在非正式沟通中，创新主体相对自由放松，彼此阐述对某一问题的不太成熟的新思路或不太确定实现的新理论，这时由于不同的学科背景或兴趣取向，更加容易撞击出知识创新的火花，形成新知识，使成员们更主动去获取新知识。

第二，沟通管理缩短了知识的积累和存储时间。

创新主体在信息及灵感获取、知识碎片记录保存等方面都决定着知识积累和存储的时间。在小组会议、讲座等正式的沟通中，主要进行专业知识和实际问题的业务沟通，要求创新主体就预定的相关问题进行发言，其发言材料将会被团队保留和记录。同时，通过沟通交流，团队领导者会进行纵向沟通给成员进行分工，并要求他们去查找相关资料，存储于团队的知识库中，以便其他创新主体参考，缩短了知识积累的时间，同时创新主体们的横向沟通便于随时对相关知识进行存储。

第三，沟通管理是知识传递和共享的基础。

沟通管理拓宽了沟通渠道，甚至使团队中知识共享和传递无意识地发生了。情感沟通是知识传递和共享的润滑剂，而业务沟通则是知识传递共享的具体体现。沟通管理使知识在不同创新主体间交流与共享，不只是从他人那里获取显性知识或学习技能，而是推动隐性知识的流动和转化，达到最大限度地应用知识和创新知识。根据需要进行科学研究，沟通加速了知识的产生、积累、传递，使知识迅速融入具体的生产中，促进了知识的应用。

第四，沟通管理在知识创新团队中的实施路径。

科研项目的研发过程是知识创新团队进行知识创新的具体实践过程。团队创新主体经过自身知识的积累和转化，通过对目标问题的理解和解决途径的思考，得到了知识创新的结果，这个结果的正确性和实用性将接受团队外部专家的评审，评审合格后才能进行创新成果的推广。项目结题和文章发表则是知识创新的具体体现方式。

知识管理和沟通管理的实施方法可以应用于创新团队进行项目研发的整个过程，是对科研项目相关的情感、思想、业务等信息的传递、交流过程的全面管理，其目标是确保与课题有关的信息能及时正确地产生、收集、处理、储存和交流。而这也是创新团队的融洽气氛培养、信息存量积累及隐性知识外显化的重要方法。我们描述了两种管理的实施在科研项目开发整个过程的作用。团体的知识管理和沟通管理有两个维度：创新团队对于项目研发过程和管理方法具体实施。在项目开发的不同阶段，管理方法的实施在其中各有侧重，作出不同贡献，两种管理方法的实施在项目研发的每个阶段，都采取不同的方式。如图 11-8 所示。

在信息交流和项目申报阶段，学术交流活动是在组织外部进行的，起到了传递信息以及与组织外部交流感情的作用。

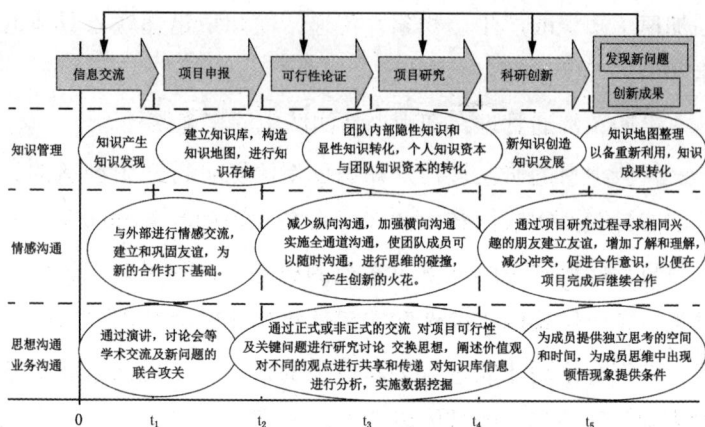

图 11-8　沟通管理的补充机制在团队项目研究中具体实施

在这一阶段这些信息可能是知识发现，也可能是前一阶段知识发展后提出的新问题。创新主体开始采用各种沟通方式建立项目成员的情感基础，使彼此增进了解和信任，为后续项目研究中的合作打下坚实基础。

在项目可行性论证和项目研究阶段，信息通过科研人员的再加工，并进行项目可行性论证，从而形成科研课题，进入项目研究。这时创新团队中知识管理发挥重要作用，组织建立信息库，构建组织知识资本，融合创新主体个人知识，加速成员和团队知识积累，团队成员在项目研究过程进行较为频繁的思想沟通和业务沟通，通过讲座、辩论、讨论等形式进行沟通管理，促进知识的共享和知识转化。

在科研创新并产出科研成果阶段，成员之间的情感沟通达到了最佳状态，竞争与合作遍布整个过程中。在不断的交流和争论中，人与人思维进行多次的碰撞，产生了创新的火花，在科研创新中不仅能产出新知识，也能发现新问题，为后续合作打下基础。

通过知识创新团队进行项目研发的整个过程的案例分析，可知知识管理和沟通管理的实施方法贯穿于整个科研项目的研发过程，在每个阶段两者发挥不同的作用，是创新团队的项目创新和新项目发现的重要方法。通过项目研发的不断吐故纳新，依托创新团队管理机制，增加团队中凝聚力和奉献精神，同时增加信息存量积累，实现团队与成员共同的知识增值。

11.3　知识的共振与跃迁

协同管理的共振效应

协同管理是指在团队中以协同学思想为指导，综合运用管理方法、手段促使知识创新系统内部各要素按照协同方式进行整合，相互作用、合作和协调而实现一致性和互补性，进而产生支配整个知识创新系统协同发展的序参量，使知识创新组成要素实现自组织并从一种序状态走向另一种新的序状态，并使系统产生整体作用大于各要素作用力之和的系统管理方法。引入协同管理能促进知识创新系统中各个要素相互耦合，产生共振效应，实现知识跃迁，如图 11-9 所示。

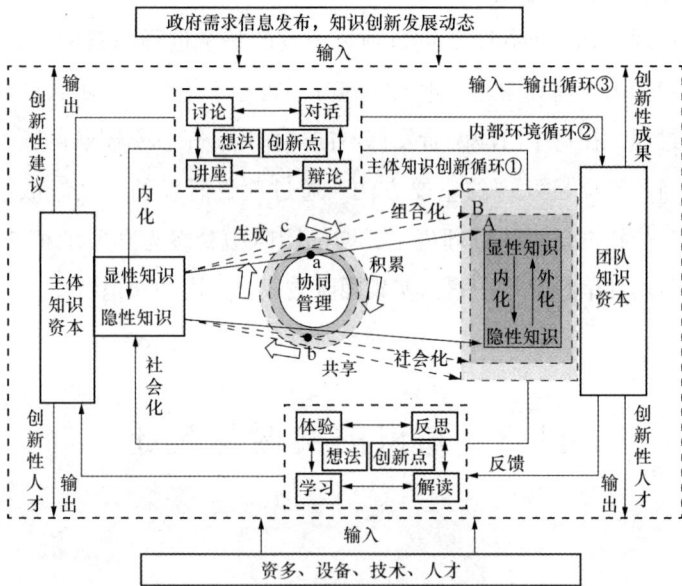

图 11-9　知识创新系统的协同管理

如图 11-9 所示，其中 a，b，c 分别为协同管理实施范围（$a < b < c$）；A，B，C 为协同管理实施范围 a，b，c 对应的个人知识资本转化为团队知识资本的程度（$A < B < C$）。系

统的协同管理中，当个人知识资本变化不大，知识创新过程
相对稳定时，协同管理范围越大，相同的个人知识资本转化
为团队知识资本的程度越高。协同管理和团队知识资本是正
比例增加的。但当协同管理不当时则会影响了知识的创新。[①]
协同管理在团队知识创新系统的作用机制可描述为：

$$T = C \sum P(P > 2) \qquad (13-1)$$

式中 T，P，C ——分别表示团队知识资本，个人知识资本和
协同管理；

$\sum P$——团队个人知识资本加和；

C > 1 时，$T > \sum P$。团队知识资本不是个人知识资本
的加总，整体大于各个部分之和。团队中创新主体完善的协
同管理会产生协同共振效应，促进团队知识资本的进一步知
识跃迁。C < 1 时，$T < \sum P$。团队知识资本小于个人知识
资本的加和。此时由两种因素造成：a. 由于沟通过量，创新
主体沟通时间过多占据了自我思考和创新的时间，使其生产
效率降低，造成知识的模糊性和混乱性；b. 由于协同管理的
不足，障碍要素阻碍其他要素的作用和相互耦合，增加团队
的冲突和矛盾，造成知识共享和转化不畅，使团队知识资本

[①] 吴杨：《团队知识创新过程及其管理研究》，哈尔滨工业大学博士学位
论文，2009 年。

偏小。$C = 1$ 时，$T = \sum P$，此时团队知识资本等于个人知识资本的加和。协同管理在知识资本转化过程没有发挥作用。相反也成立。团队知识资本不变，通过协同管理也可实现个人知识资本的增值。其公式为：$P = CT$（此时 T 相对不变）。

通过团队中创新主体及团队之间的反复互动创造出新知识。一旦创造出新知识，就得到组织的放大和固化。在孤立状态下不可能创造知识，团队之间的互动提供创造和使用知识的情境。通过团队中创新主体之间的反复互动，不断的沟通将有助于团队知识的形成，这是团队知识创新的源泉。[1]

从知识创新过程的协同效应分析中（如图 11-9 所示），我们看出，协同管理贯穿于团队内的知识创新过程中，加速知识创新主体知识增值实现的过程，形成了循环①。知识创新主体通过协同机制建立交流平台，这个平台主要侧重专业知识、项目研发、新的技术方法等业务沟通。实施面对面对话、小组讨论、讲座、讲演，甚至辩论而产生原始想法或创新点，再经新一轮交流和学习，在创新点基础上产生新的想法或多个创新点。这个过程挖掘团队内部的隐性知识并"外化"为团队的显性知识，进而团队显性知识"内化"为团员的隐性知识。同时创新主体将其显性知识"组合化"为团队

---

① 吴杨：《团队知识创新过程及其管理研究》，哈尔滨工业大学博士学位论文，2009 年。

解决问题所需的可供记录和编码的显性知识，除了隐性知识和显性知识的相互转化，还包含了主体知识资本和团队知识资本的相互转化。团队中创新主体通过内化不断积累知识，通过社会化与他人共享，引发知识创造的新一轮螺旋上升。知识通过一个轮回的转化，又进入下一个循环过程，这个转化过程在不同环节和不同阶段上展开，知识得以不断积累和丰富。

如图11-9所示，协同管理促进了团队内部竞争—合作关系，加强了创新环境，加速了知识创新系统的反馈，形成了循环②。通过主体及团队之间的反复互动，创造出新知识。一旦创造出新知识，就得到团队内部创新环境的放大和固化。在孤立状态下不可能激发创新点，只有通过团队中创新主体之间的反复互动，不断地沟通才有助于团队知识的形成，这是团队知识创新的源泉。主体不断地进行情感的交流，增强了彼此的了解，巩固了彼此的友谊。通过不断的情感交流增加了团队的集体凝聚力，激发了为团队奉献的精神愿望，从而形成了良好的创新环境；同时，通过交流平台了解团队需求和其他主体的优势，这种反馈作用刺激创新主体自我学习和提高的欲望，同时也为知识共享提供了基础。这种刺激和愿望促使创新主体通过团队及团队外部不断地获取知识，以提升自身知识存量。在良好的竞争—合作的环境中，主体通过体验法、交流法、解读法和反思法形成了个人的想法或创新点。这个过程使团队主体间不断进行隐性知识的共享，形成了知识的"社会化"。隐性知识的"社会化"形成了丰富的团队知识资本，促进了主体想法或创新点的产生，此时为了激发创新点，主体的知识存量有着更高的需求，这种反馈使创新主体不断自我学习和获取知识，并对知识创新结果进行修正和完善，此时就形成了一个良性循环②。良好的创新氛围增加了知识创新过程的有效性。知识的共享和传递能够在创新主体的需求及积极奉献精神中最大限度地发挥作用，知识的应用和创新在更大范围内实现。此时，团队的隐性知识"社会化"增加了个人的想法和提高创新点的产生概率，使其有能力进行知识的"外化"，同时协同管理形成良好的竞争—合作环境和集体凝聚力增加了"外化"的愿望，提供交流平台增加了"外化"的机会。形成了新一轮的循环①。

协同管理提高了知识创新系统中主体的资源交换速度，也加速了反馈的系统调节作用，形成了循环③，如图 11-9 所示。团队生存的外部环境的多样性、互相依赖性以及变动性也要求协同的存在。协同管理不仅发生在团队内部，也发生在团队之间，使团队内外环境信息沟通更加通畅。团队外部的创新环境由政府、专家组及同行等不同的知识创新群体组成，它根据国家发展战略及社会需求向各团队提出需求信息，通过相关的创新任务信息的输入系统，反馈给团队知识创新主体创新成果、最新的科研动态、创新方向和目标，使其清楚地了解自己的职责和研究方向。它通过知识创新系统中的输入—输出通道与团队外界创新环境进行知识、信息、资金以及人才的交流，不断从外界获得资源补充，促进了知识创新过程的实施，而外部环境的需求和改变通过反馈系统刺激了团队知识资本需求的增加，加速知识创新主体的知识积累，促进创新主体知识内化、社会化，同时加速了团队知识资本的积累，促进了循环①。团队外部需求和创新动态发展通过信息沟通渠道与团队中的创新氛围进行频繁的交流，刺激人们有意识或无意识地，直接或间接地进行学习和交流，完善了内部环境，即完善了循环②。知识创新主体也可把他们自己对创新工作的新想法、要求和意见反馈给相关的管理部门，对知识更好地应用于社会提供了参考，促进了循环③。这样一来，就促进了知识创新系统中各个要素协同机制的形成，使各要素进行整合，产生相互影响、相互促进的作用，其效应远远大于各要素之和的管理机制。

团队知识创新系统各要素协同管理的具体策略

协同管理为知识创新系统营造知识交流和增值的环境，知识创新团队应采取必要的措施将协同思想和机制应用到知识创新系统的各个要素中。

第一，团队知识创新输入—输出通道的协同管理。

在知识创新系统中构造一个完善的沟通通道，建立沟通平台，同时扩大资源使用范围，降低成本，重新整合知识资源，优化知识资源的配置，提高闲置信息的利用效率，保证各类资源得到充分、合理的应用，这是知识创新各要素进行自组织行为的有利保证。

建立多角度、多级别的沟通通道建立多种团队内部沟通方式。如团队内线电话、团队内部局域网，使团队成员在遇到任何疑难问题时，运用电话、邮件、视频等沟通媒介可以不用考虑费用和距离等顾虑及时沟通和讨论。通道如果畅通，就可以汇集更多的知识资本，从而形成无与伦比的创造力量。其中起主要作用的有面对面的交流、小组讨论、电话、演讲及正式的报告和电子邮件。不同的沟通媒介隐含着不同的象征性线索，面对面沟通或小组讨论象征着一种希望团队合作和参与的愿望，经常的电话或电子邮件进行沟通则传递出该沟通优先级不高的暗示；正式的报告代表着团队中的等级制度较强。这也有利于新老成员的沟通。新成员遇到问题可及时向老成员请教，吸取其经验和建议经消化转变为其隐性知识，并把重要问题及时整理为显性知识存储在团队数据库中，避免因人员变动导致知识流失。这种沟通通道也是一种激励方式，使创新主体在无命令的情况下，自觉地将个人的知识融入集体的知识中，将个人的知识创新和团队的知识创新有机地结合在一起，形成了知识共享和知识转化的自组织过程。

　　减少纵向组织层次，利用信息技术，减少纵向组织层次，加强横向沟通。知识创新系统的开放动态特性，使得团队创新主体的不稳定性提高，此时极易造成隐性知识流失，尤其隐性知识的难以转化和共享。通道的管理过程需要必要的途径，建立畅通的信息交流通道与方式，促使新老成员及时有效地沟通，才能使隐性知识最大化地保留于团队。依托现代信息技术，在团队内部和团队之间进行横向协同，实现创新主体知识的横向传递。团队的管理从金字塔模式走向扁平化模式，减少上级命令管理，使团队中的各个创新主体各负其责、相互协调和相互监督，从而形成自组织形式的知识创新团队。

　　加强与团队外界的学术交流，团队应尽可能地为团队创新主体创造与外界交流的机会，如组织和参加国内外相关学术会议，与国外研究团队进行联合人才培养或人才交流，积极与同行或其他学科共同合作进行课题的研发等，这是创新团队了解当前外部动态、市场需求的捷径，也是团队知识产生和获取的最佳途径。团队应定期组织小组讨论、讲座及讲演等正式会议。每次会议中要安排人员记录，将其记录文件和主讲人原稿存在团队数据库中，并建立知识地图，这是团队知识积累的关键。认真地组织会后的交流和讨论，会后主讲人与参会人员面对面地交流甚至争论，往往是团队中隐性知识与显性知识相互转化的重要途径，也是激发知识创新的有力的互动平台。

第二，团队知识创新主体的协同管理。

经济学家彼得·德鲁克①认为，知识工作者有两种科学的选择：一是科学工作者要以团队形式进行工作；二是知识工作者必须加入一个组织，在大多数情况下，知识工作者必须成为一个组织的成员。这意味着，知识创新不是单个人的行为，而是整个团队的行为，最终是为组织知识创新服务的。在知识创新开放的系统中，通过主体协同管理使团队创新主体在没有外部命令或外界因素驱使的情况下，依靠某种相互默契和合作，出现团队创新主体自发协同工作，调配各种资源来进行知识创新，实现创新过程的"自组织"。其主要管理内容如下：

知识创新主体的柔性管理实施柔性管理，安排或鼓励不定期的非正式聚会。非正式的聚会，如节日聚餐、生日聚会、获奖或晋升庆祝等，这是团队成员增进友谊、培养感情的好机会，甚至在平等放松的环境中，创新主体的交流将激发其灵感和创造思维。在良好的感情基础上，彼此思维的碰撞产生创新的火花时，也可避免碰撞导致创新主体间不可调和的

---

① 彼得·德鲁克（Peter F. Drucker, 1909.11.19~2005.11.11）现代管理学之父。提出具有划时代意义的概念——目标管理（Management By Objectives, 简称为 MBO)，它是德鲁克所发明的最重要、最有影响的概念，并已成为当代管理学的重要组成部分。

冲突。柔性管理以对人的管理为核心，重视感情投资，采取灵活多样的管理方法，建立富有弹性的组织体系，在动态中实现团队创新的目标。它不是依靠规章制度，而是注重平等和尊重，依据信息共享、竞争性合作、差异性互补创造团队知识创新的竞争优势，依靠主人翁责任感从内心深处激发团队创新主体的内在潜力，整合情感要素、组织要素为一体。柔性管理将团队管理的范围从组织内部拓展到成员的生活，将团队管理的关注点从创新主体的工作内容转向其思想和理想，使创新主体深切感受到团队对其的关心和爱护。只有把外在命令转变为内在欲望，团队规范转变为个体的自觉意识，才能形成内在的驱动力，通过心灵沟通、感情认可，形成真正的"自组织"。柔性管理作为协同管理的重要组成部分，将通过各种方式使团队的创新主体进行交流，并以此取得彼此的了解、信任及良好的人际关系的管理手段。所以虽然团队中创新主体存在一定的差异性，但通过加强柔性管理，增进创新主体的了解和友情，巩固了他们的人际关系，提高了相互信任度，既可使主体进行激烈的争论与思维的碰撞，又可避免由于差异性较大或竞争意识造成不可调和的冲突。主体协同管理是一种思想，它不同于管理方法，它强调团队创新主体最根本的心灵改造，这是团队创新主体实现自组织的有效途径。

　　引入合作—竞争的协同机制，在人员构成多样化的创新团队中，应引入合作—竞争的协同机制。合作—竞争是创新过程的重要因素。知识创新体系中，合作意识是团队知识创新的基本要求，合作行为也是知识创新解决问题的最优方式。合作并不否定团队创新主体之间的竞争，各自分工所要完成的任务，团队的核心位置往往反映着各自的价值不同，创造力不同，为了得到团队的共同认可，争先恐后应该是团队效率意识的一种体现，也是团队应该建立的实现创新目标的有效机制，没有竞争，自然没有活力和效率，在竞争中激发灵感产生知识创新。团队需要合作与竞争并存，认可与冲突交织的创新氛围，以增强团队的凝聚力和创新效率，团队需要在学科交叉、知识互补、思维角度各异的基础上相互学习，不断合作完成创新任务，实现合作竞争中的自组织。

第三，团队知识创新内部环境的协同管理。

知识创新内部环境是知识创新系统的重要组成部分。新知识的产生是上一次知识创新的结果，也是下一次知识创新的开始；所以，对于知识创新运行系统的协同管理是知识创新成败的关键。具体方案如下：

建立数据库，挖掘关联信息在团队内建立知识库和知识地图。在知识库内要对知识进行分类管理，比如按行业来分、按团队内部的职能部门来分，或者按学科来分，主要取决于团队的业务特点以及操作、利用的便利性，并可以保证知识库内的知识无重复。团队内的各种信息都是存在着联系的，如果这些信息被封存在不同的数据库或应用平台中，创新主体无从获得更多的关联信息以支持决策；对于团队的知识创新主体或团队的规划者来说，一个备忘录、一封邮件或一个笔记里都会隐藏着非常重要的信息资源。因此，为了实现团队内部知识的协同应用，一方面要将团队内部各种信息资源按需求进行层次细分，另一方面要将团队发展过程中产生的各种类型和层次的信息资源及时整理。经过这两个过程就可以将各种分散的、不规则存在的信息整合成一张"信息网"，每个信息节点之间依靠几种知识的逻辑关系进行关联，创新主体就可以轻松在这张信息网中挖掘关联信息，做到无障碍信息搜索。

创造更多的自我思维空间，防止创新过程中的重复性劳动团队要注意不要进行过多的沟通，无论是过量正式沟通还是非正式沟通，都会影响创新主体的独立思考的意识，降低独自解决问题的能力，占用了创新的时间，造成时间投入成本过高，影响团队生产效率，同时过多沟通也会造成信息的复杂化、知识的模糊化，所以过量的沟通也会降低知识创新效率。知识创新过程的协同管理要防止重复创新，避免多人力量相互抵消。团队内部个人可能格外努力，但其知识资本未能有效地转化为团队的知识资本，结果许多个人的力量被相互抵消了。在协同环境里，知识的按需流动变得十分便利，避免了知识的重复生产和重复利用，使得部门之间或个人之

间能以较低的成本来共享知识资源；其管理行为就是调整团
队创新主体的力量，使得主体之间力量的抵消或浪费减至最
小，从而产生出一种共鸣或综合效果，通过参与协同个体得
到了更多的学习机会，那么团队中每个成员的知识结构和能
力水平的提升，易于学习的环境加上善于学习的主体，无疑
会提高全组织的学习能力。通过组织内的相互学习和沟通，
他人的错误经验起到了警示作用，避免了其他创新主体再犯
同样的错误而导致效率降低。

　　实施效果评价，允许创新失败对于协同效果与知识增值
效果的精确评价是一件很困难的事情，一是因为没有具体的
评价标准可以参照执行；二是还有一些结果或数据不能及时
发现与统计。我们只有将协同环境下检测到的各项数据与原
有数据进行对比分析方可发现其变化，例如，创新主体工作
热情的增加、团队知识库中存量知识的增量、技术设备使用
率的提高等。建立有针对性的创新失败的宽容政策和鼓励政
策，并建立激励机制加以保证。知识创新的结果是很难预测
的，同时知识创新的失败率很高，规划一个时间表是不现实
的，并且进度表也不可能与进展的步调完全一致。同时，团
队知识创新具有知识密集性特点。主要依赖于人的智慧创造
力和知识共享与互动。知识创新主体是一种特殊资源，团队
应该针对其在知识开发中的独特性，给予每个创新主体较高
的自由度，尊重其独立性，理解创新过程的不确定性，允许

主体的创新失败，鼓励其总结失败经验，集思广益合作攻关，积极地开展后续的知识创新。

　　资源的合理调配建立资源调配平台，充分利用闲置资源，做到物尽其用。根据团队需求资源的扩展和竞争优势提升的需要，团队开始在自身资源和其他单位的有用资源之间建立战略性的联结来创造价值。通用的技术决定着组织管理框架。团队间信息网络化技术各异、标准不一，使得信息间缺乏相互联系的通道，团队应通过建立一个统一的界面对团队内各种技术资源和平台进行整合与协同，打破知识共享与创新的技术壁垒，同时对具有技术衔接关系的知识创新过程中的共享界面进行设计，使时间成本大大降低，减少知识创新过程的复杂性，实现团队内部充分共享技术开发资源。推动知识的无障碍寻找，不仅可以降低创新的成本，而且可以提高资源的利用率。合理的资源调配不仅发挥了若干系统本身的整体功能优势，同时也放大了系统内聚后的功能创新效应。

参考文献

1. A bonaccorsi, A Piccalugadu: "A theoretical framework for the evaluation of university - industrrelationships", R& D Management, Vol. 24, No. 3, 1994, pp. 229-247.

2. Abduikarim S., Al-eisa, M. Usaed A., Furayyan, Abdulla M., Alh Emoud: "An empirical examination of the effects of self - efficacy", super visor support and motivation to learn on transfer intention, Management Decision, Vol. 47, No. 8, 2009, pp. 1221-1244.

3. Adair, John: "Concise adair on communication and presentation skills", London: GBR, Thorogood, 2003.

4. Andrew C. I., Adva D.: "Knowledge management processes and in-ternational joint ventures", Organization Science, Vol. 9, No. 4, 1998, pp. 454-468.

5. Barabási A., Albert R. "Emergence of scaling in random networks", Science, Vol. 286, No. 5439, 1999, pp. 509-512.

6. Borys B., Jemison D.: "Hybrid arrangements as strategic al - liances: theoretical issues and organizational combina - tions",

Academy of Management Review, Vol. 14, No. 2, 1989, pp. 234-249.

7. Bresman H. , Birkenshaw J. , Nobel R. : "Know ledge transfer in international acquisitions", Journal of International Business Studies, Vol. 30, No. 3, 1999, pp. 439-462.

8. Burgers, W. P. C. W. L. Hill and W. C. Kim : "A theory of global strategic alliances: The case of the globalauto industry", Strategic Management Journal, Vol. 14, No. 6, 1993, pp. 419-432.

9. C. Margerison, D. McCann. Team Management: "Practical New Approaches", London, Mercury book, 1990.

10. Chesbrough H. Openinnovation: "the new impeerative forcreating and profiting for technology", Harvard Busi-ness School Press, Cambridge, MA, 2003.

11. D. J. Teece: "Competition, Cooperation, and Innovation: Organizational Arrangements for Regimes of Rapid Technological Progress", World Scientific, 2003.

12. Davenport T. H. , Klahr P. : "Managing customer support knowledge", California Management Review, Vol. 40, No. 3, 1998, pp. 195-208.

13. Dawkins, "The Selfish Gene", Oxford Press, 1976.

14. Easterby—Smith, M. , Lyles, M. A. , and T. sang: "E. W. K. Inter—organizational knowledge transfer: Currentthemes and

future prospects",Journal of Manage ment Studies,Vol. 45, No. 4,2008,pp. 677-690.

15. H. Putnan : " Ethics without Ontology",2004.

16. Etzkowita H. "The triple helix:university-industry-gov-ernment innovation in action", London and New York:Routledge,2008.

17. Fehr et al: "The Neural Basis of Altruistic Punishment",Science, Vol. 305,2004.

18. Gintis & Bowles,"The Evolution of Strong Reciprocity:Coopera-tion in Heterogeneous Populations, Theoretical Population Biology", Vol. 65,No. 1,2004.

19. Grice,"H. P. 1989. Studies in the Way of Words. Cambridge", MA:Harvard University Press,1989.

20. Gu, Yueguo: " Intentionality, consciousness, intention, purpose (goal), and speech acts", Contemporary Linguistics No. 3, 2017, pp. 317-47.

21. H. Etzkowita:"The triple helix: University - industry - gov - ern-ment innovation in action ", London and New York, Routledge, 2008.

22. Hagedoorn J. , Roijakkers N: " Inter - firm R & D partneringin pharmaceutical biotechnology since 1975:trends, pat-terns, and networks",Research Policy, Vol. 35, No. 3, 2006, pp. 431-446.

23. Hamel:"G. Y. L. Doz and C. K. Prahalad. Collaborate withy our

competitors and win", Harvard Business Review, 67, 1, 1989, pp. 137-139.

24. Hayek, F. A. : "The use of knowledge in society", American Economic Review, Vol. 35, No. 4, 1945, pp. 519-532.

25. Searle John R. : "Intentionality", philosophy of mind, 1983.

26. Katz R. , Tushman M. J. : "A longitudinal study of the effects of boundary spanning supervision on turnover and promo - tion in research and development", Academy of Man-agement Journal, Vol. 26 , No. 3, 1983, pp. 437-56.

27. Konno T. : "Network effect of knowledge spillover: Scale-free net - works stimulate R & D activities and accelerate economic growth", Physica A: Statistical Mechanics and its Applications, No. 458, 2016, pp. 157-167.

28. M. Hoegl. : "Smaller Teams Better Teamwork: How to Keep Project Teams Small ", Business Horizons, Vol. 48, No. 3, 2005, pp. 209-214.

29. John R. Searle: "Making the Social World": Oxford, Oxford University Press, 2010.

30. Marco Iansiti: "Technology Integration : making critical choices ina dynamic world", Harvard Business School Press, 1998.

31. Marshall: "Principles of Economics", London, The Macmillan Company, 1938.

32. Martins K. , Heisig P. , Vorbeck J. 《知识管理原理及最佳实践》,清华大学出版社 2004 年版。

33. Minbaeva, D. B. : " Know ledge transfer in multinational corporations ", Management International Review, Vol. 47, No. 4, 2007, pp. 567-593.

34. Osland A. , Yaprak: " Learning through strategic alliances ", European Journal of Marketing , No. 29, 1995, pp. 52-66.

35. Park, B. I. , Giroud, A, Glaister, K W: "Acquisition of managerial knowledge from foreign parents: Evidence from Korean joint ventures ", Asia Pacific Business Review, Vol. 15, No. 4, 2009, pp. 527-545.

36. Prahalad, C. K. and Hamel, Gary: " The core competence of the corporation ", Harvard Business Review, Vol. 68, No. 3, 1990, pp. 79-91.

37. Romer P. M. : "Increasing returns and long-run growth", Journal of Political Economy, Vol. 94, No. 5, 1986, pp. 1002-1037.

38. Saussure, Ferdinand de, Translated by Roy Harris : " Course in General Linguistics ", Beijing Foreign Language Teaching and Research Press. 2001.

39. Searle: " collective intentionality, and social institutions ", In Günther Grewendorf and Georg Meggle, eds. , Speech Acts, Mind, and Social Reality: Discussions with John R. Searle.

Dordrecht：Springer. 2002. pp. 293-307.

40. Searle, John R.：" Intentionality "，Cambridge ：Cambridge University Press. 1983.

41. Shapiro, Daniel："conflict and communication：a guide through the labyrinth of conflict management"，New York, NY, USA：International Debate Education Association, 2004.

42. Simonin, B. L.：" An empirical investigation of the process of knowledge transfer in international strategic alliances"，Journal of International Business Studies, Vol. 35, No. 5, 2004, pp. 407-427.

43. Speech Acts：" An Essay in the Philosophy of Language "，Cambridge：Cambridge University Press. 1990.

44. Searle：" collective intentionality, and social institutions "，In GüntherGrewendorf and Georg Meggle, eds. , Speech Acts, Mind, and Social Reality：Discussions with John R. Searle. 2002. Dordrecht：Springer. pp. 293-307.

45. Sun X. , Kaur J. , Milojevi S. , et al：" Social dynamics of science"，Scientific Reports, Vol. 3, No. 1, 2013, pp. 1069-1069.

46. T. Burns, G. M. Stalker. ：" The Management of Innovation"，Oxford University Press, USA, 1994.

47. T. Williams. ："Cooperation by Design：Structure and Cooperation in Interorganizational Networks"，Journal of Business Research,

Vol. 58, No. 2, 2005, pp. 223-231.

48. Peter L. Berger, Thomas Luckmann : "The Construction of Social Reality", New York: The Free Press. 1995.

49. Raimo Tuomela : "The Philosophy of Sociality", Oxford: Oxford University Press. 2007.

50. Thomas Luckmann: "Moral communication in modern societies", Human Studies, Vol. 25, 2002, pp. 19-32.

51. Tuomela, Raimo, Kaarlo Miller: "We-intentions", Philosophical Studies, Vol. 53, 1988, pp. 367-89.

52. Tuomela, Raimo: "A Theory of Social Action", Dordrecht: D. Reidel Publishing Company. 1984.

53. W. Liu, D. P. Lepak, R. Takeuchi, et al: "Matching Leadership Styles with Employment Modes: Strategic Human Resource Management Perspective", Human Resource Management Review, Vol. 13, No. 1, 2003, pp. 127-152.

54. W. G. Scott, T. R. Mitchell: "Organization theory: a structural and behavioral analysis", Homewood, IL: Richard D. Irwin, 1976.

55. Wang Zhongtuo: "Systems Methodology: Possibility for Cross-cultural Learning and Integration", University of Hull, Hull U K. 1995.

56. Wang, P, Tong, T W, Koh, C P: "Anintegrated model of know

ledge transfer from M NC parent to China subsidiary", Journal of World Business, Vol. 39, No. 2, 2004, pp. 168–182.

57. Wilson: "On Human Nature", Harvard University Press, 1978.

58. ［美］安德森著，萧潇译:《创客》，中信出版社 2012 年版。

59. 彼得·德鲁克著:《管理：任务、责任、实践》，中国社会科学出版社 1987 年版。

60. 曹俊生:《含钛微合金钢 Q345B 焊接热影响区组织及其性能研究》，重庆大学硕士学位论文，2018 年。

61. ［美］拉斯穆森著，韩松译:《博弈与信息》，中国人民大学出版社 2009 年版。

62. 陈少华、朱光喜:《网络出版传播中的协同问题及其研究》，《南京邮电学院学报》（社会科学版）2005 年第 3 期，第38—42 页。

63. 解学梅:《都市圈协同创新机理研究：基于协同学的区域创新观》，《科学技术哲学研究》2011 年第 28 卷第 1 期，第95—99 页。

64. 程宝元:《战略视角下的适应性企业管理熵研究》，哈尔滨工程大学硕士学位论文，2008 年。

65. ［荷］大卫·贝克著，刘凌寒译:《论集体知识的起源、机制与意义》，《全球史评论》2013 年第 6 辑，第 129—154 页。

66. ［加］泰普斯科特著，何帆译:《维基经济学》，中国青年出版社 2007 年版。

67. ［英］蒂姆·哈福德著，冷迪译：《试错力：创新如何从无到有》，浙江人民出版社 2018 年版。

68. ［美］蒂姆·哈福德著，冷迪译：《适应性创新》，浙江人民出版社 2014 年版。

69. 杜军：《基于耗散结构理论的企业战略决策研究》，哈尔滨工程大学硕士论文，2007 年。

70. 郭萍英：《团体操创编视点研究》，福建师范大学硕士学位论文，2007 年。

71. 郭绍全：《传统与创新——对公共图书馆公益性及延伸服务的思考》，《当代图书馆》2008 年第 3 期，第 29-32 页。

72. 郭雁：《新型企业组织的创意管理》，《经营与管理》2000 年第 9 期，第 16—19 页。

73. 郭沅东：《关于人工智能的哲学思考》，哈尔滨理工大学硕士学位论文，2017 年。

74. 韩晓琳、张庆普：《技术路线图在知识管理中的应用》，《预测》2007 年第 26 卷第 2 期，第 41—46 页。

75. ［美］简·麦格尼格尔著，闾佳译：《游戏改变世界》，北京联合出版社 2018 年版。

76. 姜珍珍：《高校研究生团队中隐性知识共享的障碍及对策研究》，《软件导刊教育技术》2011 年第 10 卷第 11 期，第 81—82 页。

77. ［美］库兹韦尔著，李庆诚、董振华、田源译：《奇点临近北京》，机械工业出版社 2017 年版。

78. ［美］克莱顿·克里斯坦森著，胡建桥译：《创新者的解答》，中信出版社 2014 年版。

79. ［美］克莱顿·克里斯坦森著，胡建桥译：《创新者的窘境》，中信出版社 2014 年版。

80. ［美］肯尼斯·阿罗著，陈小白译：《组织的极限》，华夏出版社 2018 年版。

81. 李钢锋：《广西高校知识创新系统自组织演化问题研究》，广西大学硕士学位论文，2012 年。

82. 李赟：《创造性思维的特征、方法与创造力培养研究》，建筑科技大学论文等，2007 年。

83. 刘春艳：《产学研协同创新团队内部知识转移影响机理研究》，吉林大学博士学位论文，2016 年。

84. ［美］迈克尔·波特著：《竞争论》，中信出版社 2003 年版。

85. ［美］迈克尔·诺斯著，赵海峰译：《创新：一部事物的历史》，海南出版社 2018 年版。

86. ［美］迈克尔·托马赛洛著，苏彦捷译：《我们为什么要合作：先天与后天之争的新理论》，北京师范大学出版社 2017 年版。

87. 秦江、于达仁、鲍文、万杰：《知识管理在研究型大学研究生管理中的应用》，《科技创新导报》2010 年第 2 期，第 150—151 页。

88. 曲晓玮：《守旧与创新——对公共图书馆服务中几个问题的思考》，《图书馆论坛》2003 年第 23 卷第 4 期，第 112—114 页。

89. ［美］查尔斯·赖特·米尔斯著：《权力精英》，南京大学出版社 2004 年版。

90. ［德］哈贝马斯著：《公共领域的结构转型》，学林出版社 1999 年版。

91. ［美］桑德拉·黑贝尔斯、理查德·威沃尔著：《有效沟通》，华夏出版社 2005 年版。

92. 史子伟：《几多炎凉话节能》，《质量与标准化》2011 年第 4 期，第 40 页。

93. ［美］斯蒂芬·P. 罗宾斯著，孙建敏、李原译：《组织行为学》，中国人民大学出版社 2005 年版。

94. ［美］斯蒂芬·P. 罗宾斯著：《组织行为学》，中国人民大学出版社 1997 年版。

95. 苏屹、林周周、欧忠辉：《基于突变理论的技术创新形成机理研究》，《科学学研究》2019 年第 37 卷第 3 期，第 568—574 页。

96. 孙立平著：《断裂》，社会科学文献出版社 2003 年版。

97. ［美］托马斯·弗里德曼著，何帆等译：《世界是平的》，湖南科学技术出版社 2006 年版。

98. 覃荔荔：《高科技企业创新生态系统可持续发展机理与评价研究》，湖南大学博士学位论文，2012 年。

99. 谭可欣、郭东强：《知识转移与企业自主创新能力提高》，

《江西财经大学学报》2008 年第 3 期，第 31—34 页。

100. 王红雁：《开展反馈式培训，提升学校中小学教学干部团队研究的领导力——以丰台区中小学教学干部科研培训为例》，《教书育人》2019 年第 11 期，第 39—42 页。

101. 王磊、尹燕、周伟、王枝枝、王选仓：《高速公路智能化不停车计重收费系统研究》，《公路》2017 年第 62 卷第 3 期。

102. 王明明、李艳红、戴鸿轶：《基于知识创新的科研团队知识管理系统研究》，《情报杂志》2006 年第 9 期，第 58—61 页。

103. 王雪莹：《技术的逻辑：强弱人工智能与伦理》，《阴山学刊》2019 年第 32 卷第 2 期，第 96—100 页。

104. 王丽娟、吕际云：《学习借鉴熊彼特创新创业思想的中国路径研究》，《江苏社会科学》2014 年第 6 期，第 267—271 页。

105. 邬伟娥：《知识增值视角的学术生产力分析》，《生产力研究》2015 年第 6 期，第 56—59 页。

106. 吴杨、李晓强、夏迪：《沟通管理在科研团队知识创新过程中的反馈机制研究》，《科技进步与对策》2012 年第 29 卷第 1 期，第 7—10 页。

107. 吴杨、孙长雄、孟丽艳：《引入协同管理的科研团队知识创新系统分析》，《第十一届中国理科学学术年会论文集》2019 年，第 654—658 页。

108. 吴杨：《团队知识创新过程及其管理研究》，哈尔滨工业大学博士学位论文，2009 年。

109. 肖燕飞：《马克思社会发展规律思想研究》，武汉大学硕士学位论文，2013 年。

110. 徐勇、策划：《奇思妙想，一以贯之》，《港澳经济》1999年第 6 期，第 94—97 页。

111. 薛靖：《创意团队成员个人创新行为影响因素实证研究》，浙江大学博士学位论文，2006 年。

112. 杨智：《二氧化钛的表面修饰及其对聚碳酸酯性能的改性研究》，南京理工大学硕士学位论文，2013 年。

113. 姚晓红：《基于 IMMEX-C 平台高中学生批判性思维发展模型的实践研究》，华东师范大学论文等，2018 年。

114. ［以］尤瓦尔·赫拉利著，林俊宏译：《未来简史》，中信出版社 2017 年版。

115. 于辉著：《一种批判性思维的研究进路》，法律出版社 2018年版。

116. 于淑君、孙霜、齐美会：《小学新任教师专业发展的现状及对策研究——以淄博市绿杉园小学为例》，《淄博师专论丛》2019 年第 1 期，第 10—14 页。

117. 于珊珊、李宏、常丽：《信息暴露对创造力影响的研究综述》，《科技信息》2012 年第 33 期，第 224—225 页。

118. 余芳珍、陈劲、沈海华：《新产品开发模糊前端创意管理模型框架及实证分析——基于全面创新管理的全要素角度》，

《管理学报》2006 年第 5 期，第 573—579 页。

119. 张宝生、张庆普：《基于耗散结构理论的跨学科科研团队知识整合机理研究》，《科技进步与对策》2014 年第 31 卷第 21 期，第 132—136 页。

120. ［美］约翰·杜威著，刘伯翻译：《思维术》，中华书局出版社 1921 年版。

121. 张兵著：《关系、网络与知识流动》，中国社会科学出版社 2014 年版。

122. 张帏、叶雨明：《高科技创业团队的合作驱动因素研究》，《技术经济》2012 年第 31 卷第 7 期，第 59—65 页。

123. 张喜艳：《培养创造性思维的网络课程设计研究》，东北师范大学硕士论文，2002 年。

124. 张燕：《如何提高职业经理对企业危机的管理能力》，《经济师》2005 年第 5 期，第 162—163 页。

125. 张玉能：《美的规律与审美活动》，《西北师大学报》（社会科学版)2006 年第 4 期，第 13—19 页。

126. 安斌：《检察监督：一个游离于民事法律边缘的话题——对民事检察权若干问题的思考》，《河南社会科学》2012 年第 20 卷第 10 期，第 12—15 页。

127. 郑文兵：《私有制起源中的自然基础及其哲学本质》，《湛江师范学院学报》2013 年第 34 卷第 4 期，第 52—59 页。

后　记

　　《融合与激荡—复杂关联中的知识创新》一书，对我而言，是多年来所研究领域的心得，也是一个许久未完成的心愿。对书而言，是对"知识创新"的复杂特性探讨，也是通过平实易懂的写作风格，和大家展示我所认识的"知识创新"简朴的机理。

关于内容

　　《融合与激荡—复杂关联中的知识创新》一书，是在我博士论文的基础上重新撰写的。在博士论文中，我尝试着以复杂网络公式、数学建模，可视化仿真等方式，让自己理解知识创新的过程和演化特性。只是博士论文大部分内容晦涩枯燥，专业性强，其中公式和仿真图，不具有普适效果，所以本着"知识共享最大化"的目的，我对本书重新谋划和编写，希望这本书既有自己对知识创新的领悟，又能和不同专业、不同行业的读者一起分享。

关于书名

　　这是我学习生涯中第一次写书，从写作风格到全篇策划，每一个想法，每一个关键词，都仔细推敲，自然对书名也希望尽善尽美。本书书名想了很久，列出了十几个，一直找不到满意的。一次在和徐磊老师的交流中，"复杂"一词撞入我的脑海。诚然，现实世界是复杂多变的，唯有"创新"可使我们在这个融合与激荡的世界里适应下来，故本书名为《融合与激荡—复杂关联中的知识创新》。

关于感谢

感谢读者，阅读本书。写书人最希望的就是这本书能让读者在翻开之后有所启发，有所感触。所以您的每一个感悟和思考，都无比珍贵。

感谢我的博士后导师邵立勤教授。在2013年我刚步入工作岗位时，邵老师就开始督促我，要我以博士论文为基础，写一本关于创新的书，那时他把书名都帮我想好了，即《创新的创新》，还不停的和我讨论编排目录，似乎我完成一本著作，成了邵老师的心愿。可惜那时我总觉得写书是一件庞大工程，自己知识储备欠缺很多，一直不敢落笔。直到邵老师去世，也没能看到我书稿的初稿。这些年，完成这本书不仅是我研究领域的心得体会，更是一个心愿，完成作业的心愿，不让老师失望的心愿。

感谢陈劲教授，陈老师的序言，为本书增色不少。陈劲老师是国内知识创新领域的领军者，对知识创新领域有很多超前独到的见解，并一直领跑各个创新领域。尤其陈老师对本书关键问题的细心解答和具体指导，提升了我对知识创新的复杂特性的认识，也加深了对知识增值过程的思考，同时使本书整体逻辑框架设计更加合理清晰。

感谢我的老师米加宁教授。自 2003 年和米老师相识至今，已经 17 年了。无论从学术上，还是做人做事上，米老师都是我们很多人向往的老师的摸样。感谢米老师在我读博阶段，对我的教导和帮助，尤其是"知识创新"的选题，是在他的启发和支持下，开展并完成的。米老师的严厉，多年来一直鞭策着我，让我清楚的知道：无论我多大年纪，教过多少学生，只要我敢踏步不前，心想不劳而获，就要遭受惨烈的批评。让我多年来一直兢兢业业，不敢有半点懈怠。

感谢徐磊教授，这位"亦师亦友"的博学者，是我内心崇拜的"大神"。为了和徐老师对话，跟上他前进的步伐，我不得不阅读很多关于创新、科学共同体、人工智能、奇点临近、人类简史等国外著作，他似乎是我学习的动力。更值得一提的是，这位"读书破万卷，下笔如有神"的学者，为这本书的创作源源不断地输送能量。从题目设定到目录设计，甚至是内容撰写，徐老师都提供着高质量的辅导和咨询。徐老师让这本书从稚嫩变得成熟。

感谢我的学生徐秀丽、刘佳琦和惠亚男，她们是我的学生，也是我的家人。她们为本书完成做了大量的基础工作。

她们的参与让这本书丰富多彩；她们的陪伴让我的写作历程充满欢笑；她们耐心细致地修改和别有创造性的想法让这本书如此精彩。感谢美术编辑刘宇航，他精巧的设计并手绘了本书的封面及所有插图，为这本书增添了更多的趣味性和生动性。

感谢人民出版社的孙兴民主任，孙老师对本书题目和内容的认可和肯定，给我的撰写工作提供了强大的动力和信心。孙老师责任心强，不仅帮助我编辑排版书稿，还帮我润色文字，让本书更加精彩。他和出版社老师付出了辛劳，在此表示衷心感谢！

书籍是经验的结晶，是攀登知识高峰的阶梯，一本好书无疑是一笔宝贵的财富。在书籍的世界里，我们领略着山河与天地的广阔壮丽，回味着历史文化的悠久绵长。英国伟大的剧作家、诗人莎士比亚说："书籍是人类知识的总结，是全世界的营养品。"此书存在许多不足之处，只希望为您带来些许启示和思考。

吴杨

2019 年冬

责任编辑:孙兴民　邓文华

封面设计:刘宇航　徐　晖

责任校对:闫翠茹　毕宇靓

图书在版编目(CIP)数据

融合与激荡:复杂关联中的知识创新/吴杨 著. —北京:
人民出版社,2020.1
ISBN 978－7－01－022099－4

Ⅰ.①融…　Ⅱ.①吴…　Ⅲ.①知识创新-研究　Ⅳ.①G302

中国版本图书馆 CIP 数据核字(2020)第 075594 号

融合与激荡

RONGHE YU JIDANG
——复杂关联中的知识创新

吴　杨　著

人民出版社 出版发行

(100706　北京市东城区隆福寺街 99 号)

保定市北方胶印有限公司印刷　新华书店经销

2020 年 1 月第 1 版　2020 年 1 月北京第 1 次印刷
开本:880 毫米×1230 毫米 1/32　印张:11.5
字数:218 千字

ISBN 978－7－01－022099－4　定价:52.00 元

邮购地址 100706　北京市东城区隆福寺街 99 号
人民东方图书销售中心　电话 (010)65250042　65289539

版权所有·侵权必究
凡购买本社图书,如有印制质量问题,我社负责调换。
服务电话:(010)65250042